别让好脾气误了你

不是教你放弃厚道，倡导“坏脾气”的做法

而是教你活出“骨气”，不做脾气随和、逆来顺受的“老好人”

李世化——著

别让好脾气误了你

中国商业出版社

图书在版编目（CIP）数据

别让好脾气误了你 / 李世化著 . — 北京：
中国商业出版社，2014. 9
ISBN 978-7-5044-8711-7

Ⅰ . ①别… Ⅱ . ①李… Ⅲ . ①性格 — 通俗读物
Ⅳ . ① B848.6-49

中国版本图书馆 CIP 数据核字（2014）第 191407 号

责任编辑：唐伟荣

中国商业出版社出版发行
010-63180647 www. c-cbook. com
（100053 北京广安门内报国寺 1 号）
新华书店经销
天津冠豪恒胜业印刷有限公司印刷
*
710 毫米 ×1000 毫米 16 开 18 印张 220 千字
2014 年 10 月第 1 版 2019 年 3 月第 2 次印刷
定价：48. 00 元

* * * *

（如有印装质量问题可更换）

前　言

哲人说“性格决定命运”，这句话是有道理的。所谓“人善被人欺，马善被人骑”。一个优柔寡断的人即使具有再强的专业素养，也很难成为团队领导人。一个成功的人除了具备必要的专业能力外，拥有“恰到好处”的性格也在一定程度上决定着他的发展前景。

一个人，脾气不好容易与他人产生隔阂，被人排挤与冷落；而脾气太好又容易将自己陷入被动，失去应有的气场和魄力。所谓“成大事者，不拘小节”，一个致力于更高视野的人首先要具备的素质就是刚柔并济、游刃有余。为此，你必须具备应有的狠劲儿。

在这里，“狠”并不是心狠手辣，而是说不能一味地显露你的好脾气，更不能失了立场，待人接物不能人云亦云。做人做事，最重要的是有自己的思想和个性，关键时刻能够硬起心肠、挺起胸膛，处理好方方面面的关系。一个人懂得自抬身价，别人才会为你抬轿子。

就像驰骋在草原中的狼，它们凭借特殊的品质和超强的生存能力成为大地上永远的强者。它们果敢勇猛，机智顽强，它们在激烈的物种和种族竞争中以绝对的优势占据胜利的高地。所谓“物竞天择，适者生存”，勇敢

的狼群之所以能在各种复杂险恶的环境中生存繁衍并发展壮大，离不开它们迎难而上、我行我素的狠劲儿。

同样的道理，一个人若想活出精彩的人生，也必须果敢、霸气，放弃用好脾气赚取好福气的幼稚想法。历史上，无论是刘邦击败项羽，赢得楚汉天下，还是曹操平定各方诸侯，一统三国天下，都是以“我不好惹”的角色示人，从而名垂青史。而在我们身边，那些获得巨大财富的人，以及在职场上步步高升的人，也不是因为好脾气才有了今日的荣耀，他们是因为敢拼、敢闯，才打下一片江山的。

路，都是自己走出来的。这个世界上没有卑微的人生，只有卑微的活法。当同事窃取你的劳动成果的时候，当迂腐上司对你耀武扬威的时候，当恋人抛弃你与他人远走高飞的时候，你是否反思过，是否因自己的“好脾气”导致了这些悲剧?

因为过于随和，你的同事无视你；因为过于软弱，你的上司欺凌你；因为过于溺爱，你的恋人背叛你。当你沉醉于“宰相肚里能撑船”时，其实你是在以没有底线的让步纵容他人对你得寸进尺。

实际上，谦和、忍让、重面子……并不能让你得到好下场，每个人都需警惕“可怜之人必有可恨之处”的生存定律。

处处迁就别人自然是不可取的，处处给别人泼冷水撤台阶也不是明智的行为。聪明的人要学会把握分寸，既要懂得对别人的请求说“不”，也要懂得在适当的时候放下架子，回归队伍，做一个谦和的人。

亚里士多德说：“人生最终价值在于觉醒和思考的能力，而不只在于生存。”从现在这一刻开始，当你明白了好脾气的真相，就应懂得拒绝他人、放弃面子心理、适当端起架子、敢于迎接挑战，从而活出一个完全不一样的自己，活出一个成功的自己。

目录
contents

第六章 囚徒模型——懂得拒绝别人，随便承诺只能自己吞苦果

第七章 狼性生存——想成大事必须挺起胸膛，硬起心肠

第八章 “摆谱”的学问——端点儿架子才能自抬身价

第九章 厚道原理——做人要有好脾气，但是要看对谁

第十章 赢家操纵术——剥去“好脾气”的伪装，即在心灵上解放

第一章

好即是坏：请牢记，人生有一种失败叫『好脾气』

在我们身边，有这样一种人——脾气随和、逆来顺受、谨小慎微，虽然他们赢得了“老好人”的称号，但是在人际交往、工作、事业上失败得一塌糊涂。今天，片面强调“好脾气”对混迹职场、商场的人来说是一个致命弱点，是那些失败者功亏一篑的重要原因。请牢记，人生有一种失败叫“好脾气”。为了生存，为了理想，你必须在实现目标、获取利益的道路上主动出击、逆势而上，展现出“不好惹”的一面。

1.“好说话”等于“好欺负”

你是否有过这样的经历，几年没见的老同学周末让你去火车站接他，虽然你心里很不情愿，但还是热情地答应说“好”；同事托你帮他打印一些东西，虽然你自己还有很多事没有完成，但你还是微笑着答应了；领导让你周末加班，虽然那天是你很重要的纪念日，但你还是干脆地说“没问题”。

许多时候，我们总是没有勇气拒绝他人的请求，纵使心里再不情愿，也会碍于情面答应了对方的要求。这，就是平常所说的“老好人”。研究发现，“老好人”最大的特点就是好说话，有求必应，给人“脾气好”的深刻印象。

有人将这样的现象叫做“好人综合症”，他们细心分析好人和好人所做的好事，并从心理分析和治疗角度对此做了专业的定义：所谓“老好人”是指那些对别人特别亲切和善、特别好说话、有求必应、想方设法帮助别人、并以此为荣的人群。

他们把“做好人”当成一种习惯，好像帮助他人做事是一种特殊的义务。他们不会拒绝，也没有想过要拒绝，他们只会永远地接受别人的请求，永远学不会说“不”。

那么，为什么这些人习惯“好说话”呢？专家曾对此进行过深层次的分析。大多数“好说话”的人内心都缺乏足够的自信。他们不敢拒绝他人的要求，生怕一旦没有帮助他人，就会遭到他人的白眼，甚至受到众人的孤立。

大多数时候，他们总是压抑自己内心的真实想法和真实情绪，受罪的同时还要假装是举手之劳。他们害怕因为拒绝一个人就会失去一群朋友。他们特别在意别人对自己的看法，认为一旦自己没有答应他人的要求，大家就会对他有看法，认为他自私自利，不懂得互相帮助。

但是“好说话”的人，就一定受到大家的欢迎了吗？答案似乎并没有那么乐观，我们发现，生活中那些好说话的人并没有得到更多的赞许和尊重。开始的时候，别人还会为你帮助他而心生感激，同时他心里也会形成一种潜在意识：这个人很好说话，以后有事找他就行。于是，当另一个人遇到困难需要帮助的时候，他也会告诉那个人说你比较热心，有事情找你就行了。

慢慢地，整个圈子都知道你这个人好说话，有事找你就行了。大家一开始还会对你有所感激，慢慢地就会认为这种帮助是一种理所当然。并且因为你对每个人的请求都采取欣然接受的态度，他们会认为你很“好欺负”，性格很懦弱，是个“软柿子”。

于是，时间一长，大家会变本加厉，在共同的心里默契中对你指手画脚，呼来唤去，甚至还总是埋怨你没有把答应的事情做好、做到位。而且，每次遇到团队性的失误，大家无一例外地将你推为众矢之的。这就是“好说话”的下场，想当老好人，最后却落得被欺负的下场，成了众人的撒气桶和挡箭牌。

王斌入职已经三年了。在销售部门，他从街头推销做起，先后担任过销售助理、销售经理等职务。这几年，也是公司大发展的阶段，所以他凭借良好的业绩获得了不菲的收入，个人发展前景也一路看好。

然而，在2008年的世界性金融危机中，公司的海外订单大幅缩水，经营业绩一落千丈。还没等公司裁员，就有不少销售精英纷纷跳槽，选择好了退路。当时，同事提醒王斌赶快离开这家濒临倒闭的公司，但是他没有选择离开，而是与公司共渡难关。对此，老板看在眼里，记在心上。

过了一年多，经济危机的影响慢慢消退，公司经营业绩也逐渐好转。老板准备重新拓展海外业务，大展拳脚，却因突发心脏病去世。紧要关头，老板的儿子被推上前台。年轻的当家人放弃了父亲的发展计划，包括重用王斌等一批忠心耿耿的元老人物。随后，王斌被约去谈话，被安排在一个无关紧要的行政职位上。令他不解的是，跟自己年龄相当、资历相差无二的另一位同事却被派到美国开拓国际市场。

这究竟是怎么回事呢？原来，老板的儿子决定启用新人，给公司注入新鲜血液；对那些经验丰富的元老人物，安排他们负责行政工作。有些人不满意这种安排，据理力争，最后因有想法、干劲十足仍旧被委以重任，而王斌却因过于听话而被安排到了稳定的闲职上。

其他同事都替王斌惋惜，认为他太好说话了，才被欺负到闲职上。其实，问题的根源在于王斌不善于据理力争，不懂得维护自己的权益，展示自己的抱负。结果，他因为好说话而被误以为缺乏进取心，失去了好前程。由此看来，一个有价值的人，一个有梦想的人，要勇于为自己的利益而争，不能做好说话的“软柿子”。

其实，在某些情况下，说“不”是对自己负责，也是对他人负责。你违背心意答应了他人，而内心并不想这么做，只能让自己吃苦头，是对自己的一种失责行为。你在这种心不甘情不愿的情况下为别人办事，自然也不会有什么高的效率和品质，做事的过程中也不会让对方满意，从而造成“里外不是人”的尴尬局面。

事实上，一个人应该活得坦然一些，根本没有必要让自己活得那么累，没有必要让自己陷入一个被动的地位。因为有些时候，我们的好脾气好说话，不但不会成就你乐于助人的形象，反而会将你拉进万劫不复的境地，成为人生中的一大败笔。生活中，“好说话”的人，总是容易受人欺负的人；工作中，“好说话”的人，总是业绩平平没有发展的人；交际中，“好说话”的人，总是受人冷落，不被重视的人。

既然“好说话”为自己带来那么大的弊端，那么该如何才能改掉好说话的毛病呢？

首先，就是建立自信。既然“好说话”的根源是缺乏自信，那么建立自信就是解决这个问题的根本方法。要时刻对自己充满自信，不要完全以“好说话”作为人际交往的必要法则。一位哲人曾经说过，充满自信的人，才是最美丽的人。你对自己充满自信，便会从内而外散发出一种强大的光芒，别人自然而然也会被你这种魅力所感染，因此，即使你没有办法满足别人的要求，他人也会理解你。

其次，要有自己的原则。必须给自己的行为设立一个底线，这个底线一定要明确，不能模糊。什么事是可以做的，什么事是不可以做的，什么情况下能够予以谦让，什么时候应该适当反击，这些你都应该了然于心。有了原则和底线，就不会使自己过于忍让以至于失去自己的原则，也就不会因为太好说话而备受欺凌和冷落。

最后，要具体问题具体分析，因人而异。这并不是“看人下菜碟”趋炎附势的做法，而是一种做人的智慧。对于一些不珍惜你劳动成果，认为别人为自己做事都是理所应当的人，拒绝他是应该的，世界上没有一件事情是理所应当的，你也没有义务一定为某个人奉献自己。

而对于一些帮助过自己的人，适度回报一下，在合理的情况下做回“好人”也是可以的。我国自古就有“滴水之恩，当以涌泉相报”的传统，适当对别人伸以援助之手也是继承中华民族的传统美德。

很多时候，我们“好说话”，甘做“老好人”，都犯了自以为是的毛病，我们太相信自己的直觉，认为拒绝了别人的请求就会遭到别人的反感和厌恶，因此不敢对别人说“不”。

其实人际交往并没有我们想象的那么脆弱。既然你会被“好说话”的问题所困惑，别人也会遇到类似的问题。换位思考一下，别人也会理解你的难处，即使你没有满足别人的要求，他也不会过分苛责你。

况且，这个世界上本来就没有什么理所当然的事，既然是你帮助别人，那就要看你的意愿，如果你愿意对他伸出援助之手，那是你的个人素养高，是你对他人的情分，他人应该感谢你；如果你对他人的请求感到疲于接受和无能为力，那么直接回绝他就可以了。原本就是他人求助你的事，做不做都在你，何必把自己搞得那么疲惫。

总而言之，我们不能太好说话，要有自己的思想和个性，不要总是把自己陷入被动的状态。从现在起学会拒绝他人，学会对那些让你感到不舒服的事情说“不”，相信你的生活会因此而改变。

2. 并非人人都可以当做密友

中国有句古话叫做“君子之交淡如水”，说的是君子之间的交往要平淡如水，高雅纯净。这种交友方式同样适用于今天。但是现在的年轻人却不加分辨，总是喜欢到处结交朋友，把彼此当成推心置腹的挚友，什么话都跟对方说，掏心窝子地把自己的一切想法都倾诉给对方。男的喜欢称兄道弟，拜把子，一起上刀山下火海，遇到事业上的不顺心，爱情上的不如意都毫不保留地讲给对方听；女的把对方称作“闺蜜”，即闺中密友的意思，最喜欢谈天说地聊八卦。但是你的一腔热情却随时可能成为定时炸弹，在你不经意间毁了你的一切，你的真诚付出很可能成为别人利用你的武器，你的一举一动被人看在眼里记在心里，你所认为的“挚友”很有可能背地里捅你一刀。

很久以前有个“段子”说得很好，陌生人背后捅你一刀，你回头说道：“啊，你是？”朋友背后捅你一刀，你回头说道：“啊，是你？”这清晰明了地说出了在当今的社会里，我们一定要擦亮双眼，在结交朋友时多一个心眼，说话说三分，要有所保留。今时今日，人们善于伪装自己，人前一套背后一套，暗地里耍心机使坏的例子数不胜数。这就要求我们不能把每个人都当成推心置腹的密友，不可和别人随便交心。

在复杂多变的人际交往中，我们应该主动修炼出一套“金钟罩铁布衫”，绝不轻易地暴露出自己的本性，不再随便展现自己的单纯。在公司里，作为初来乍到的职场新人，难免要参加公司下班后举办的各种活动，与同事一起喝杯酒，聊聊天，不但有利于迅速地培养起感情，也有利于日常工作，了解公司相关信息。因此，各种聚会要记得参加，但也要注意，不可与别人随便交心。趁着酒意，往往会有一些在公司摸爬滚打多年的职场老手过来和你闲谈，告诉你公司的八卦，谈论领导的个人隐私和其他员工的人品等问题。谈论八卦虽说是建立情感的最好方式，但此时你切莫中招，不可随意地附和对方的言谈。作为职场新人，不能说同事都不怀好意，但也不能保证对方都是真心真意。如果你和对方高谈阔论领导的私生活、同事的人品的话，一方面把自己置于爱背地里说人闲话的小人形象，另一方面给人留下口舌抓住把柄，如果对方再大肆宣传的话，你的职场之路便难以走下去。

职场中的语言陷阱随处可见，看似平淡无奇，却往往暗藏杀机，让人猝不及防。“小王，我看你们办公室的那个小李实在不行，比你差远了。”“小王啊，以你的学历呆在这里真是屈才了。”对方装出一副古道热肠、正气凛然的样子，好像把你当成好朋友和你谈论别人，其实是在诱导你跟风讲其他同事的坏话，或者对单位、对领导、对自己的现状抱怨两句。这样，你的把柄就捏在人家手里，受制于人。

“小王，你比他们都强多了。”“这件事找我们小王就行了，绝对好使。”看似是密友的对方在众人面前夸奖你，你心里洋洋得意，但是对方过分夸大你的能力，便招来同事对你的嫉恨，对外人夸大你的职权便引来无穷无尽的麻烦事，这一切就是为了把你架在火炉上烤，坐等你出错。

工厂中的蓝领工人处在公司的基层，升职的空间不大，彼此之间能建立深厚的友谊。但公司的白领之间却存在着相当大的竞争，为了获得更大的升职空间，表面上做到能够和谐相处的美好局面，暗地里却互相猜忌，尔虞我诈。

某公司新来了小张和小王两个实习生，三个月的实习期后将只有一个人留下。小张为人单纯，没有心眼；小王富有心机，爱耍小聪明。为了保住这个得来不易的位置，小王可谓费尽心思，每天都到各个办公室聊天、请教问题，和公司员工打成一片，谈笑风生，甚至主动和小张结为朋友，以“闺蜜”相称。单纯的小张并没有发现对方的阴谋，每天和小王谈心，把自己工作上的不顺心一股脑地全都说给小王听。而小王却把这些话添油加醋，转变成了对公司和同事的不满散播出去。还没到三个月，公司的领导便主动约谈小张，让她收拾东西走人了。讽刺的是，小张走的时候还主动和小王告别，依然把她当成朋友。

每个公司里既有正人君子，也少不了奸佞小人，在复杂多变的环境中，更应该注意说话的内容、分寸、方式和对象。作为公司的新人，要谨慎处理好关系，做到谨言慎行。在关系公司的福利待遇、加班、领导、八卦等问题上要做到少说甚至不说，和周围人之间保持普通的同事关系，需要互相合作的时候会去配合，不需要合作的时候就无需联系。

首先，一定要为人正直，做一个坦坦荡荡的君子，做事光明磊落，不做背后评头论足、违背道德的事情，只参与可摆在桌面上谈的问题。有这个底线，别人嚼舌根嚼得再开心，你也不会为之所动，这是你的原则。当你有了原则，你有一万种理由拒绝别人的话题。

其次，凡事要从事实出发，不要听到风就是雨，这是独立思考训练的基本课。你了解的永远只是一件事情的片面，一切的认知都是推论。职场中，做人做事都是围绕工作目标开展的，也就是说，你所说的每一句话，做的每一件事，做出的每一个决定，因工作而起，又因工作结束。你不需要去刻意讨好谁，不需要和每个人都成为朋友，也没有必要因为主观因素去厌恶谁，每个人都有自己的立场和看问题的角度，如果你自己在这上面吃了亏，说明你考虑得不够周全，是能力还不够，换位思考也是能力的一种。

【赢家策略】

我们总说知人知面不知心，在复杂的环境中更是如此。与人交流时要注意分寸，不是每个人都能成为密友，不能不分时机地与他人交心。那么，在生活中我们应该如何做，才不至于引火烧身呢？

说话要注意天时地利人和，对什么样的人说什么样的话，因地制宜，因人而异。不需要和每个人都称兄道弟，人心险恶不是没有道理的。朋友得之不易，且需珍惜，那些没有共经风雨共同患难的人，难以推心置腹，更不可能成为密友。对于那些爱嚼舌根，喜说八卦的人更要避而远之。

3．轻信他人是人生的致命伤

我们小时候都听过《农夫与蛇》的故事，讲的是一个农夫在寒冷的冬天看见一条冬眠的蛇，误以为它冻僵了，于是好心把它放进怀里，用温热的身体使其苏醒。但醒过来的蛇却用尖利的毒牙咬了农夫一口，使得农夫受到致命的创伤，不久就辞世了。通过这个故事我们不禁思考，出门在外，行走江湖遇到各种各样的人，凡事要多长个心眼，绝对不能轻易相信别人，否则有可能像农夫一样，好心没好报，还被反咬一口，葬送了性命。

年少的时候，父母长辈们时常对我们说，出门办事多长个心眼，不要轻易相信别人。其实人生这一辈子，无外乎两件事，一件是如何做人，另一件是如何做事。做人是一门艺术，是一个永恒的难题，做事是一门学问，是一个永远道不完说不尽的话题。在做事前要学会如何做人，而做人时就需要多长个心眼。有人说心眼多的人不好相处，太会算计。其实不是这样的，我们这里说的心眼指的是一个人有见识和眼力，懂得人生的奥秘，懂得分辨什么人该信任什么人要远离。反观那些“心眼”多的人活得十分轻松，工作起来也一帆风顺，而那些没有“心眼”的人，则四处碰壁，被人陷害，不仅事业上一事无成且活得很累。

做人要有心眼不是有坏心眼，不是为了达到某种目的而不择手段，也不是为了功成名就而陷害他人，在背后使阴招，要手段。做人有心眼，是要讲做人的规则，谙熟与人相处之道。社会是人际关系编织的网络，任何一个人都不可能孤立地生存，为了在社会上立足，我们就必须与人打交道，与人和平相处便能让自己在社会上顺利地生存。

某公司想寻找一家可靠的公司进行合资。正巧，这样的公司自己送上门了。对方是一家在业界小有名气的企业，曾因做过几笔轰动的大生意而名噪一时。某公司觉得对方还比较可靠，便与他们展开了谈判。谈判桌上对方要求某公司搞好前期准备工作，而后对方再进行融资，而且要求设备引进完全由他们负责。为此双方签订了购置机器的合作协议，按照协议某公司将设备款支付给了对方。

很快设备运回来了，某公司经过查看却发现是旧机器。对方推说为了减少某公司投资负担，所以购置此旧设备。等某公司将对方提出的合资条件满足之后，再找对方要求融资时，对方竟然说根本无此意向。由于谈判之后并未签订任何关于合资的协议，因此某公司也奈何不了对方。而在购置机器协议中，对方则利用了某些条款上的漏洞，致使那些旧机器也无法退回或者更换。

此类事件的发生给我们敲醒了警钟，对新发展的客户特别是主动上门的客户要留个神，尤其是忽然之间要合作一个大单子，此时一定要慎重处理。

轻信他人而蒙受损失的例子不少，但还有因此吃上官司的。某热心青年下班回家的路上，看到一老人摔倒在路边，本着乐于助人精神的他主动上前搀扶，还热心地询问老人有没有摔伤，得知老人脚崴了之后，他主动把老人送到附近的医院里，还垫付了医药费。当好心的年轻人正准备离开时，老人的子女二话不说将年轻人拦住了，甚至大打出手，扬言说是年轻人把自己的母亲撞倒的，要赔偿医疗费。傻了眼的年轻人一句话也说不出来，自己明明是办了好事却被人如此陷害，一时气不过，拒绝了对方的要求，没想到却被对方告上了法庭。

在生活中，这样的事情数不胜数，我们往往是容易信赖别人，把别人想得太好，却从未想过对方要心机、玩手段，使自己惨遭不幸。这一类事件的发生让我们不得不警惕，无论做什么事情都得长一个心眼，提防别人暗中使坏。那么，为了避免这种事情的发生，我们要如何做呢？

首先，要分清责任界限。一方有难八方支援是情理之中的事情，别人有了困难，伸出援助之手无可厚非，但是我们应该要把后果想清楚，不能什么事情都无条件地承担。如果对方做的是违法犯罪的事情我们就要果断拒绝，而不是依然信赖对方。

其次，在人生道路上行走，会与各种各样的人相处，这就要求我们必须具备一双分辨忠奸的眼睛，要善于辨认忠奸，从他人的言谈举止中辨别出善恶真伪。

最后，我们不能多管闲事。有句话叫做“事不关己，高高挂起”，这在一定程度上是正确的。在现实生活中，总有人喜欢做爱管闲事的“马大姐”，被盲目的“热情”驱使，结果不仅事情没解决，还把自己陷进去，惹得一身腥臭，还被人嚼口舌。

从人的一生来说，心眼是必不可少的，它是人在社会上历练的产物，一个人所经历的事情越多，心眼也就越多。一个人的心眼代表着见识的多少，阅历是否丰富，代表着一个人的经验、能力、智慧。如果一个人十几岁还没有心眼，可以说是正常的，但一个三十岁的人却还像个小孩子一样单纯没心眼，就有可能影响他以后的事业、人生。

【赢家策略】

人生要度过一个艰难漫长的岁月，这是考验人们的一个历程，在这个过程中我们要不断地提升自己、锻炼自己。当我们具有足够的阅历和智慧时，就会发现我们的双眼被环境所左右，但我们的心眼却能改变环境。所以，有的人虽然穷困潦倒，但却自得其乐；有的人生活富足，却郁郁不乐；有的人身残志坚，奥运会上勇夺金牌，闻名世界；有的人身体健全，却浑浑噩噩。这一切都是因为心眼所具的不同导致的结果。

为人处世多个心眼绝对不是坏事，不能轻信他人也是一句箴言。做人做事要善于灵活运用自己的心眼，做事才有主见，才不会被人利用、被人欺骗。人们欣赏莲花的高洁，却未曾想到它是来自“多心眼”的藕，没有藕的心眼，也就没有莲花的高洁。做人也是如此，多一个心眼，才能懂得变通之道，也才能获得成功；多一个心眼，不轻易相信别人，像莲花一样，做到出淤泥而不染，美丽高洁。

4. 你不可能让人人都满意

现实生活中，人们时常会面对很多批评和指责，这是不可避免的事情，想要让所有的人都对你大声赞美、啧啧称赞的确是异想天开的事情。个人的价值绝不是体现在别人的赞美和批评上，我们也无需任何事情都做到十全十美，只要尽心尽力完成本职工作就好，至于别人如何评论自己大可不必在意。因为，就算我们竭尽全力地完成了任务，也总是会有人来鸡蛋里挑骨头，找到他不满意的地方。太在乎别人的赞美会变得骄傲，太在意别人的评价会变得懊恼。所以，最好的办法就是心平气和，保持一个平静淡泊的心态去看待事物。

从前有一位画家，想要画出一幅人人赞美，无人挑剔的绝世之作。经过几个月的努力工作，他终于完成了这样一幅作品，并把它拿到市场上。他在画的旁边放了一支笔，并附上说明：“亲爱的朋友，这幅作品如果有哪里不足的地方，还望您能指出，不吝赐教。”一天过后，画家来取这幅画的时候大吃一惊，画上密密麻麻的布满了各种记号。画家大为不满——我如此辛苦创造的画在别人眼里竟然有这么多不足的地方！

画家对此事耿耿于怀，决定采取另一种方法再去试试，他又重新描摹了新的一张画拿到市场上。这一次，他附上的说明是："亲爱的朋友，请你把这幅画中绝妙的地方标上记号。"晚上画家来取画的时候居然发现，之前被人圈出不满意的地方如今都是赞美的标记。画家大为感慨，无论自己认为多努力的作品也始终不能让每个人都满意，只要有一部分人满意就行了。

而反观我们的现实生活，这样的例子也数不胜数。人是无法完全满足的，即使我们用尽全力，但依然达不到对方的要求。

有一天，父子俩赶着一头驴进城。路上的行人看见他们没有骑驴，而是步行，就说："真笨，有驴都不知道骑!"父亲觉得很有道理，就让儿子骑着驴，自己跟着走。

过了一会儿，又有一个路人说："你看看，现在真是世风日下，现在的年轻人根本不懂什么是尊重老人，那个不孝的儿子，竟然让自己的父亲走路，自己骑着驴赶路!"儿子连忙跳下驴背，让父亲骑上驴。

走了一会儿，又有人说："真是狠心的父亲，自己骑驴，让孩子走路。你怎么可以骑在驴子上，而让那可怜的孩子跑得一点力气都没呢?"父亲连忙叫儿子也骑上驴背。

折腾了半天，这回总该没人有意见了吧！谁知，又有一个路人说："喂！喂！请等一下，那么弱小的驴子让两个人骑，驴子太可怜了。你们要去哪 里呢?""我们准备把这头驴子卖掉。""哦，我看这样不行，你们两个人骑在驴上，还没等到市场，驴就先死了。""那么，该怎么办呢?""你们两个人下来，扛着驴去市场吧。""好！就按照你说的办。"父子俩立刻从驴背上跳下来，将驴子的腿捆在一起，用一根木棍将驴子抬上肩向前走。

这个故事令人唏嘘不已，但让我们不禁陷入深思，不同的人站在不同的立场上思考问题，会产生不同的看法。就算我们使出浑身解数，也无法做到令每个人都满意的结果。既然这样，我们做事之前就要有主见，认定一个目标就要不顾一切地去完成，尽管路途中会遇上许多非议与指责，我们也不可分心，不要被他人的意见左右，不要企图让每个人都满意。

在做事的过程中，人们价值的实现是由自己来决定的，而不是依靠他人的赞美，一心想要让每个人都满意的结果就是谁都不满意，还得把自己之前努力的结果付之东流。我们能做到完美无缺吗？显然不可能，这种不切实际的想法只会让我们背上无形的、沉重的包袱。我们无法改变别人的看法，但我们却能改变自己。而有时自己的改变也能恰当地改变别人的看法。只在乎别人的评价，自己却不去努力提高自身的水平，便会陷入无边的苦海。那么在生活中我们应如何才能做到这一点呢？

首先，用行动去说服众人。一个人的行动，胜过千百万句深思熟虑的言词。与其苦口婆心向他人解释你的意图，不如赶快行动起来达成自己的目标。行动的力量，胜于一切。尤其是当一个人身居领导岗位的时候，作为引领团队前进、引导组织发展的人，首要的一点就是以身作则，加强自我修养，成为众人的表率。这时候，你的行动比什么都重要，至于他人在背后如何议论，就不重要了。

其次，坚持自己一贯的原则，绝不退让。坚持原则，是我们最为可贵的品质。面对各种无理要求，始终坚守底线，不为了某人的喜好而放弃标准，是做人做事的法则。不过，在无法让所有人满意的时候，你也不必刻意得罪他人，坚守原则与讲究策略本身并不矛盾。也就是说，人可以狠，但是要狠得有道理，能够让人接受，保证你可以顺利地推进自己的目标，而非处处与人掣肘。

假如有人提出不可能完成的任务，我们应如何解决？首先是气定神闲地回应，主动退让，然后找到一个折中的方案回绝，如果还是不行就直截了当地拒绝。在这个过程中，从退让到拖延，再到回敬对方，你始终坚持自己的原则，同时也有效拒绝了对方的不合理要求，你的狠劲儿让对方无可奈何，这比一口回绝而让对方无法接受，不知强多少倍。

“鞠躬尽瘁，死而后已”，这是诸葛亮的名言，也是他一生努力实践的目标。刘备三顾茅庐请得诸葛亮，把军权和行政大权交给了他；而诸葛亮则不负众望，以身先士卒的精神充分发挥表率作用，兢兢业业，把蜀国治理得井井有条。或许有人对诸葛亮也心存不满，但是那又能怎么样呢？他以自己的切实行动，得到了大多数人的认可，并实现了自己的宏愿，这就足够了。

想面面俱到是绝对不可能的，因为每个人的主观感受和需要都不同，看问题的角度不同，所持的观点、立场都不同，这就导致人们之间的意见是不同的，甚至是矛盾的。因此，真正最重要的是，做你该做的，而把他人的意见当做一种参考，这就足够了。即使上帝，也不可能让人人都满意，更何况我们凡夫俗子。所以，在实践梦想的时候，一定要直奔目标而去，不要被人情所累，用行动表明你的态度。行走于世间，要坚持内心的本真。

5. “狡兔死，走狗烹”的逻辑

古往今来，人们为了权力你争我夺，像飞蛾扑火一样前赴后继，就在于权力太迷人、太诱惑。权力的背后，潜藏着巨大的势力，这是人们趋之若鹜的根本原因。所以，一旦为了权力发生冲突，其杀伤力、辐射力就非同小可了。

春秋时期，吴国和越国战争不断，互不相容。待夫差即位吴王时，广征壮丁，日夜练兵，军事实力大大增强。与此同时，越王勾践也没停下脚步。在吴越大战中，吴王夫差围剿越王勾践于会稽山上。越王勾践亲率大臣范蠡投降求和，但却把文种留在国内练兵，养精蓄锐。在经过几年的忍辱负重后，勾践回国后卧薪尝胆，立志要雪耻复仇，终于在几年后灭掉了吴国。大功告成之后，曾经共患难的谋士范蠡却不知去向。在留给朋友文种的一封信件中，他说道：“飞鸟尽，良弓藏；狡兔死，走狗烹。勾践脖子长而嘴像老鹰的喙，这种人只可与他共患难，却不能与他同享富贵。你还是像我一样早点离去，辞官走人吧。”文种看完信后却不以为然，自己和勾践情同手足，是出生入死共患难的兄弟，他怎么会如此冷血，置往日的情谊不顾呢？但不久之后，勾践亲自送了一把剑给文种，质问他：“对付吴国有七个方法，但是我只用了三个，剩下那四个方法你会准备用来对付谁?”文种此时明白了当时范蠡的话，但为时已晚，此刻他除了自杀别无选择。

“飞鸟尽，良弓藏；狡兔死，走狗烹”中的“飞鸟”和“狡兔”是指敌人，而“良弓”和“走狗”则是指用来帮助消灭敌人的臣子。也就是说，当敌人都被消灭干净了，那么那些为消灭敌人做出贡献的臣子就用不上了，也就失去了存在的意义和价值。站在勾践的角度看，为了维护自己得之不易的江山，定要扫除一切潜在的还处在萌芽状态的危险，毫不留情。在权力场上就是需要这种谨小慎微、未雨绸缪的气魄和能力。

当然，也有高明的玩家，在政治博奕中努力避免刀光剑影的惨烈景象。比如，宋太祖赵匡胤杯酒释兵权，就是典型的例证。

赵匡胤登基之后，手握兵权的两个节度密谋造反，公然反对朝廷。在赵匡胤的领导下，经过几年的斗争终将动乱平定。而这件事却让赵匡胤夜不能寐，他找到宰相赵普商量计策，在商讨中赵匡胤明白，要想稳固自己的政权就一定要削弱地方势力，收回兵权。

过了几天，赵匡胤在宫里举行宴会，石守信、王审琦等几位老将都来了。酒过三巡，大家开始无话不谈。赵匡胤说：“没有大家的帮助，我不会有今天的地位。但是你们可能想象不到，做皇帝也有许多苦衷啊，有时候还不如你们自在。说实话，我好久没有睡过安稳觉了。”

大家听出了这话里有话，但又不便直说，就纷纷上前询问缘由。赵匡胤继续不露声色，按照自己的计策一步步往下走，“有句话说‘高处不胜寒’，现如今我是万人之上了，在这么高的位置上我感到寒气逼人啊!”石守信等人心理都明白了，赵匡胤这是担心他们几个人会密谋篡位，不禁双腿一软纷纷跪倒在皇帝面前哭诉道：“现在天下安定，百姓安居乐业，我等老臣也是忠心耿耿，并无二心啊。”

赵匡胤听了不以为然，摇头说道：“你们和我南征北战，我是信得过你们的。但是你们的部下我却实在信不过，他们要是为了攫取高位，把黄袍披在你们身上，那后果便不堪设想。”听到这里，石守信等人明白了大难临头，逃是逃不掉了，但还是乞求皇帝能给他们一条活路。赵匡胤便顺水推舟，收回他们的兵权，让他们回到老家做个有名无实的地方官，并赏赐他们足够的房产地契安度晚年。

赵匡胤通过杯酒释兵权的方法稳固了自己的权力，依靠个人的智慧在双方之间进行周旋有效地化解了双方的矛盾，避免了战争的发生，最大程度地消除了部下之间的摩擦。虽然这种手段看似柔和让人易于接受，但实质上仍是“狡兔死，走狗烹”的翻版，暗含着权力场上明争暗斗，你死我活的较量。

古时候皇帝为打下江山不惜一切代价，今时今日我们为了成就事业同样需要心狠手辣，如果优柔寡断是很难成就一番大事业的。对此，一代枭雄曹操就深有体会。在接班人的选择上，曹操十分犹豫，他考虑过自己最宠爱的曹冲，也考虑过文采出众的曹植，到最后却意外地选择了曹丕，这不免让人大跌眼镜。曹操有自己的一套理论，他认为，曹植固然优秀，但却缺少狠劲，难成大事，这在刘备、孙权的那些儿子们身上就可以找到答案。正是有了前车之鉴，曹操才把狠劲十足的曹丕扶上皇位。

在权力场上混，你必须知道什么是刀，什么是血，什么是业绩。为了

维护手中的权力，要对绊脚石下狠手，永远站在权力的顶峰傲视天下。这是王者之风、霸者之术，是人成大事的王霸韬略。

想要成大事者就一定要“心狠手辣”，有人会说心狠手辣都是坏人的做事方法，其实不然，要是我们做事优柔寡断、畏手畏脚，便难以有所成就，学习这种“心狠”的手段，未尝不是一件好事。

官场之上，获取权力、维护权力、使用权力，都需要谨小慎微，未雨绸缪。尤其是在维护权力上，务必把一切危险消灭在萌芽状态，绝不允许他人觊觎权力，自己落得死无葬身之地的下场。

6. 永远不做“滥好人”

在我们身边存在这样一种人，他们富有同情心，为人宽容，对待别人的要求从来不拒绝，向来是有求必应，我们把这种人称为“滥好人”。他们缺少原则，从来不会拒绝别人，忽视自己的个人利益，却不忘帮助别人，总是过多地为别人着想。

表面上看，“滥好人”乐于助人，能够获得好口碑，人人称赞，别人都觉得他们很高尚，但是长久以往地做“滥好人”势必会对自己的正常生活产生消极的影响。在长久的人际交往中，“滥好人”的不断付出被别人看成是理所当然了，而一味付出也让“滥好人”心里产生了不平衡的感觉，进而不断地自责、内疚，甚至是产生挫败感。“滥好人”总是很矛盾，一方面不愿意接受别人的请求，但另一方面又会觉得自己不够仗义，循环往复陷入了怪圈子。

小王初到职场，为了收获良好的人缘和评价，他对同事和领导交代的事情从来都只有一种响应：“是！没问题，包在我身上了。”领导有任务交代，同事也有任务交代，甚至那些和自己同时进公司的新人也有任务交给自己，碍于面子，小王从来不会拒绝别人，而是一揽子全都包下来。但是在这些“任务”中，除了一些关于公司业务上的事情外，甚至还有帮同事拿快递、买外卖这样的私事，这让小王叫苦不迭，长此以往下去，这怎么忙得过来。

一开始，小王还安慰自己多帮助别人一点，多吃点亏对以后有好处，但是不久之后小王发现事实并非如此。自己每天刚一踏进公司就立刻有几个同事跳出来让自己干这干那，一副趾高气扬的神态，丝毫没有求人帮忙的姿态。下午一开完会，从会议室出来也就快到下班的时间了，小王正准备把最后的一点工作做完然后下班回家，结果往往又有几个同事围过来说这说那，无非就是帮忙做一下他们还没完成的工作，或者是帮忙晚上加班，更离谱的是有些同事甚至让小王去幼儿园接孩子。

每天下班，小王都是拿着大包小包的文档带回家继续加班。帮同事加班也就罢了，小王也没有什么怨言，但是每次别人的工作出现了问题，责任竟然全往自己身上推。小王只觉得一阵心寒，当初以为自己为别人多付出一点就能收获他人的赞美，但现在看来并非如此，不仅要为别人的事情大伤脑筋，还得为别人的过失背黑锅。

懂得拒绝是为了更好地完成自己的本职工作。“有时候挺难开口的，毕竟自己的精力有限，又不是三头六臂的神仙，分身乏术。如果本身工作任务繁重，这个时候要是再接受更多的工作往往适得其反，不如专心把手头的工作做好。”28岁的小张是某公司的文案策划，她认为适当的拒绝有利于工作的更好完成。

“有段时间手头的任务特别多，主管频繁地布置任务，当时犹豫着是否拒绝，但最后还是硬着头皮接了下来。”小张说，那段时间日夜加班，忙得不可开交，但是交上去的文案漏洞百出，把原本可以完成好的任务都没有做好。小张感慨道：“有时候不一定要打肿脸充胖子，一定要当个‘滥好人’，这大可不必，懂得拒绝既是为了自己也是为了整个公司的利益。不要因为对方是公司的领导就不敢拒绝，也不要因为对方是同事就不好意思拒绝。不然最后受苦受累的只能是自己。”

其实冷静下来仔细想想，为别人做了这么多事情，真的都是你该做的吗？其实，我们之所以不好意思拒绝别人都是因为抹不开面子，怕影响彼此的人际关系，但是任劳任怨的你也并没有因此收获好人缘啊。所以，合理的帮助和适当的拒绝都是必要的，在现实生活中要懂得拒绝别人。

首先，要用平和的态度。当别人要你帮忙的时候，你心中定是千百个不愿意，但是千万不要把“不耐烦”或“不耻”的神情写在脸上，否则在你还没开口的时候就已经得罪了别人，如果碰上了口才好的人你就有理也说不出了。

其次，要用坚定的语气拒绝别人并加上充足的理由。不要支支吾吾地含糊表达，人家可能以为你就答应了，转身一走你就失去了拒绝的机会。记住，现在是别人有求于你，不是你在求别人，拿出勇气，直截了当地表明这件事情自己无能为力，对方也不好再说些什么。

最后，一定要记住多沟通。现实生活中的很多矛盾的发生都是因为没有足够的沟通和了解，让彼此产生了误会。在沟通清楚之后，你会发现很多事情完全不需要自己插手便能迎刃而解。最后，要能分辨事情的轻重缓急。除非是一些十万火急的事情，否则就没有必要放下自己手中还没有做完的工作而去帮助别人处理一些琐事。

在现实生活中，勇敢地说出“不”既是一种胆量，也是一种气魄。不要觉得一次拒绝会让别人对你产生非议，事实上，一个懂得拒绝的人往往能为自己赢得尊重，而一个大事小事全都承担的人却会被人看不起，“滥好人”往往是被呼来喝去的小角色。

【赢家策略】

好人有原则，懂得分清善恶是非。但“滥好人”却不然，在人际交往过程中，“滥好人”并不能赢得好名声，相反都是难当大任的评价。滥好人总是人们算计的对象，因为人们深知他们的弱点，反正他也不会反抗，不懂得拒绝。于是，所有的人都在他那儿得到了好处，唯独这个“滥好人”难分一杯羹，还得默默承担剩下来的烂摊子。由此看来，“滥好人”是自食其果。

在帮助别人之前，一定要先把本职工作做好。为了集中精力做好一件事而拒绝更多的工作量，是一种负责任的表现。做人更是如此，要做一个正直、高尚的人，而不是没有主见、缺少原则的“滥好人”，与人共事、与人合作绝对不能抛弃原则。

第二章

奴性定律：处处迁就别人，是因为其灵魂一直『跪着』

在中国文化的语境里，懂得迁就别人，不与他人计较，是一种人性的宽厚与为人处世的智慧。但是，在某些时候，某些场合，如果处处迁就别人，那就不可取了。尤其是，你的迁就并没有换来他人的理解和感激，而是让对方误以为你实力不济、好欺负，则会将你置于“人为刀俎我为鱼肉”的尴尬境地。一个人生于世间，必须活出骨气，千万不能让自己的灵魂一直“跪着”。

1. 人人皆有与生俱来的奴性

说到奴性很多人都不愿意提起，因为奴性带有强烈的贬低色彩。“奴性”即所谓的卑微、下贱的奴隶本性，而中国人身上的奴性根深蒂固，这种奴性思维深深禁锢着我们的思维、行动，继而让我们从骨子里透露出赤裸裸的奴性气息。中国文化在两千多年的发展中，统治阶级凭借平民的奴性思维不断地奴役、麻醉人民的精神，稳固自己的统治权力。

鲁迅先生刻意塑造的阿Q这个典型形象，虽也具有下层人民的勤劳、质朴之美德，也有着革命的愿望，但却是奴性十足。

《阿Q正传》第九章《大团圆》中写赵家遭抢之后，阿Q半夜里忽然被抓进县城，到了大堂，阿Q“膝关节立刻自然而然的宽松，便跪了下去了”——“站着说！不要跪！”长衫人物都吆喝说。阿Q虽然似乎懂得，但总觉得站不住，身不由己地蹲了下去，而且终于趁势改为跪下了。“奴隶性！……”——长衫人物又鄙夷似地说，但也没有叫他起来。这段描写，一针见血地活画出阿Q的奴性心态和形象：做惯了奴隶，想要他不做都不行；跪久了的腿发生了病变，想要他不跪却站不起来。几千年的奴隶及封建专制社会，其统治的主要特征是恐怖、暴力、吃人，这种社会氛围必定造就滋生奴性的土壤。古老的奴隶社会造就了奴隶国民。专制的封建社会，奴隶变成了农奴。皇帝之下，大大小小的官吏都是大大小小的奴才，下层的人民自然便是奴才的奴才。

在中国，奴性不仅有其深远的历史的社会根源，而且还有其极为深刻的思想渊源。被视为中华民族文明道德的圣祖孔老夫子、庄子、朱熹等古代思想家、哲学家、教育家，也不遗余力地宣扬什么“三纲五常”、“君君、臣臣、父父、子子”。说到底，这些民族血缘关系及专制封建统治关系束缚下的伦理道德便是浸透了奴性的说教。这些说教就像麻醉剂一样毒害着人民奴性的魂灵，像锁具一样捆锁了人民手脚。他们是教人们服服贴贴地做奴才，不要和命运抗争。否则便是犯上作乱、便是大逆不道，在中国奴性便是这样成为了天经地义的东西！便这样作为遗传基因似的一代又一代地繁殖下来，渗透到国人的骨髓和魂灵之中。鲁迅塑造的阿 Q 只不过是众多的奴隶当中的一个范式罢了。

许多人头痛官场的“规矩”。官大一级压死人，见了领导该说什么样的话，该做什么样的动作，该摆什么样的姿势，该在什么节骨眼上进言，该在领导高兴时如何锦上添花，该在领导发怒时怎样化险为夷，如此等等，其学问深不可测。为此有人跟不上步伐，搞得晕头转向，糊里糊涂，遭白眼还不算什么，可怕的是带来仕途的终结，落得个终生遗憾。

广西某重点高校高瞻远瞩，顺应形势需要，推出了别开生面、紧贴实际的“职场礼仪”就业指导课。授课的内容是如何为领导服务。从坐车该坐在何位置，到如何给领导开电梯，如何跟着领导应酬，再到与领导如何相处，说得非常具体，非常到位。如果能够很好地学以致用，恐怕会是个很“称职”的下级。

学校老师们也许是善意的，甚至是沾沾自喜的。开设这样的课程，或许会让他们的学生有更多就业录取的机会，也有可能他们的学生中会有更多的人得到领导们的青睐，步步高升。然而不知学校考虑过没有，你们培养出来的学生，是要成为对社会做出贡献的人才还是更多地发展成为察言观色，溜须拍马的“奴才”？

学校的职能和职责是什么？通俗也最为常见的答案就是一句话：教书育人。教什么样的书，专业不同，答案不同。但育什么样的人，答案应该是一致的。拿过去流行的说法，就是无产阶级革命事业接班人。现在尽管这句政治色彩比较浓的口号很少提了，但培养有用人才这应该是最起码的要求。什么是有用之才？中国古代的教育理念，从孔子提出的“有教无类”，到儒家一贯倡导的“以德育人”，都是把重视人的道德品性的培养放在第一位。教育的本质是应该倡导发扬人性之善，培养健全人格，修己立人，推己及人，化民成俗，改良社会风气。从这个理念出发，我们的学校在培养学生和教育引导学生上，应该以全面的综合发展为标准，这样的毕业生才可称为合格人才。而绝非是见风使舵，毫无主见的“墙头草”。

学校在向学生传授知识的同时，更多的要在培养学生的独立人格上下功夫。合格的人才首先要有社会责任感，有独立的思维和处事能力。社会发展进步，要靠众人的努力和奋斗，但更多的是要依靠有思想、有主见、有气魄的先行者走在时代前列，担当领路人作用。每个领域都需要这样的先行者，而先行者的产生，很大程度上要靠学校培养。学校培养什么样的人，社会上就会出现什么样的带路人。从这个角度看，学校的责任是何等艰巨，又是何等重要。

培养人才理当是多方位的，而现在许多学校把目标锁定到极小的范围内，尤其对官员感兴趣，这就很让人担心了。君不见，学校里凡是搞活动，只要涉及到自己的学生，必定是先把在仕途上有所发展的摆列出来，以示炫耀。一些学校不以教学取得何种成绩为荣，倒是对出了多少什么级别的领导特别在意。大学生具有可塑性，学校倡导什么，炫耀什么，对他们而言，那就是风向标、导航仪。为什么公务员成为趋之若鹜的热门职业，除了稳定，有社会地位，还有不可否认的事实，那就是进爵升迁的捷径。仕途学问的确很多，但怎样走好学问更多。教科书能教出仕途之路，可以说是纸上谈兵。许多为官的经验是在实践中悟出的，绝不是靠老师几句点拨就能成“才”。

分析这些例子我们可以发现，奴性的中国人有这样几个共同的特点。首先，缺乏独立思想。缺乏独立思想的人，难以有正常的逻辑思维，常常是人云亦云，见风使舵，缺乏自己的主张和见解，容易受到别人的蛊惑进而被人操纵。其次，缺乏平等精神。奴性文化教育出来的人具有强烈的等级思想，认为尊卑有序，见到地位高的人就卑躬屈膝，见到地位低的人就颐指气使。活在社会底层的人饱受这种文化的熏染，他们没有勇气表现真实的自我，更没有勇气去平等地爱自己，只能匍匐在权贵的脚下过着没有尊严的生活。奴性的人见到权贵往往点头哈腰，见到稍微有点势力的小官更会感到恐惧，而见到比自己孱弱的人则会暴露出狂妄的一面，变本加厉地嘲笑捉弄那些残疾智障的人，这种劣根性深深地存于每个奴性的人中间。

最后，奴性的人对权力往往会顶礼膜拜。中国人深受儒家思想的影响，认为学而优则仕，把当官当成是求学的最终目的，甚至当成人生为之奋斗努力的终极目标，穷尽一生只为向官阶看齐。中国人之所以对权力如此痴迷是因为在几千年的历史绵延中，有权力的人可以养尊处优，享受无

尽的荣华富贵，不用卑躬屈膝地伺候他人。

【赢家策略】

奴性的中国人有没有方法摆脱原来的旧皮囊呢？首先就要有坚定的信心，摆脱根深蒂固的思维，培养出独立思想。我们从小在学校接受的教育一直都是一板一眼，模式化的教育方式无法培养出独立的人，书呆子比比皆是。要想培养出独立的思想就要摆脱原有的教育方式，教师在教书育人的时候要注重因材施教，培养学生不同的思维方式，注重学生的多方面发展。

然后，我们要有平等精神。在民主制度不断完善的今天，平等精神已经遍及大街小巷。平等精神是我们人格尊严的保证，培养起自信、自尊、自爱的平等人格才能使我们不屈服于权贵的脚下。要想活得有尊严就不能忘记追求平等精神。

最后，打破对权力的崇拜。奴性的中国人深受权力的迫害，在被权力蹂躏了几千年后我们一定要敲醒警钟。越是崇拜权力的人，越是容易被权力蹂躏，这种人在拥有权力后更是后患无穷。中国人要想改变这种格局，就一定要打破陈规，改变对权力的盲目崇拜。

2. 骨气是做人的底线和金字招牌

一帆风顺是每个人追求的境界，不过，人生之事，不如意十之八九。面对风雨，无论这种局面是主动选择的结果，还是被迫选择的无奈，都需要用一颗坚强的心来面对。一个男人，如果没有骨气，那么他身上就少了成大事的霸气。很多人为了一担米、一碗水就能做出丧失尊严没有骨气的事情，有时候为了获得钱财不惜下跪，殊不知男儿膝下有黄金。

做人必定要有骨气，绝对不能为了钱财这些身外之物而垂下头颅。站在人性高度思考，做人的目的是什么？绝对不是为了锦衣玉食，更不是为了悠闲享乐。做人要有高尚的灵魂，要有高远的目标。人活一口气，如果只为这些身外之物而活，那么人这一生也就白走一遭。人活着，总是经历太多的苦楚，有骨气的人就算是一贫如洗，也能让人刮目相看，有骨气的人知道，无论做什么，都不能屈服，对待那些虚幻的东西都能做到不多看一眼，不出卖原则地活着。

1931 年，吉鸿昌担任第二十二陆军总指挥的时候，迫于上级的压力，出国做了一次考察。在出国之前，震惊中外的“九一八事变”爆发，那时日本帝国主义已经侵占了我国东北三省。而此时蒋介石却大力阻挠吉鸿昌

的抗日活动，威逼他马上携眷出国考察，借此机会夺取他的军事权力，并将他流放海外。吉鸿昌来到美国纽约后，某次穿着整齐的军装带领从属人员走在街上，突然有人将他们一行人拦住问道："你们是日本人吧？"吉鸿昌令翻译回答说，"不，我们都是中国人。"对方听罢表示不相信，并出言羞辱说："中国人不是都是东亚病夫吗？怎么可能会有你们这样高大魁梧的军人？"

还有一次，吉鸿昌来到纽约的一家邮局寄送东西，那里的工作人员明知故问地说："你是哪个国家的？"吉鸿昌大声说道："我是中国人。"但是对方却继续奚落道："地图上已经找不到中国这个国家了。"

在接连受到外国人的羞辱后，吉鸿昌大为愤怒，一时间连饭也吃不进去。当他的下属劝慰时，他严肃地对众人说道："侮辱我本人无所谓，但是我们现在是代表中国来到美国进行考察，绝对不能接受这样的侮辱，我们代表的是整个中华民族。"

吉鸿昌后来和下属商量，下次外出时，一定要戴上写着"我是中国人"的帽子，让外国人都知道中国人绝对不是所谓的"东亚病夫"，而是有血性的、有骨气的民族。果然，吉鸿昌用草板纸自制了一个约半尺长的长方形牌子，并用毛笔写上"我是中国人"几个大字，还在下面加上英文。当他挂着牌子走在大街上时，引来许多人的关注，但是吉鸿昌却更加自豪，昂首阔步地穿过围观的人群，显示出中国人独特的骨气和骄傲。

李小龙，华人世界的英雄。从香港到美国，他饱尝了受人欺侮的滋味，却始终告诉自己："我是一个中国人！我要替中国武术争一口气！"李小龙到美国后，在原有的基础上深入研习武术，而后在好莱坞浮沉数载，最终凭借"中国功夫"让全世界为之惊服。

李小龙为人友善，喜欢帮助别人，曾经赤手空拳地制服了4个持刀歹徒，勇救华人少女。李小龙热爱祖国，在1971年的时候，他已经拍了《唐山大兄》和《精武门》两部影片，在影片中他以精湛的演技展示了中国的传统功夫，让世界都为之称赞。与此同时，很多人不解，问他为什么放弃美国的大好事业不干，却回国来拍片。李小龙回答道："因为我是中国人，我要为祖国贡献自己的责任。"除此之外，李小龙还说，"作为黄面孔的中国人，不可以扮演外国人的英雄偶像，所以我决心回归祖国。"李小龙回来拍片，是因为深深地爱着自己的国家，所以从不计较待遇，因为钱不是最重要的，人如果只为了钱，那么就会失去自我，成为金钱的奴隶。

直到今天，李小龙引发的全球功夫狂热仍然没有消退，已经成为中国文化的一个重要组成部分。这个武术天才没有权势、财富，他凭借不服输、争上游的硬气，赢得了世人的尊敬，成为华人世界的标志性符号。

人的骨头，必须是硬的。软骨头的人，不但站立不起来，也得不到别人的尊重，更无法办成事、做出一番事业。人生这个舞台，不可能百分百顺心顺意，最重要的是你以怎样的心态面对，有怎样一股精气神。

一个人事业有成，离不开运气，除了运气，最主要还要有骨气。当然，有骨气的人要承受更多的磨难、更大的考验，而这恰恰是成就伟业必经的阶段。天将降大任，必然要把机会留给有骨气的人。

骨气能改变人的命运，同样也能造就人的一生。那些有骨气的人即使在平淡的生活中也能创造出不凡的成就；相反，那些表面上风光无限的人骨子里却缺少气节，始终无法赢得他人的信赖和重视。

人的一生风云变幻，充满了激荡与挑战，每一个人都会经历各种各样的挫折与坎坷。而骨气作为一种信念，它支撑着我们闯过荆棘，走出难关，

笑看人生。没有骨气的人，就像行尸走肉一般，空有一副皮囊，经不起风雨的洗礼。一点小小的磕绊都会使他低头，无法再继续振作。在如今这个竞争激烈的年代里，没有骨气的人会被人看不起，难以生存。

当一个人有价值的时候，权位、名利、赞誉都会接踵而来。这些太容易得到的东西，会摧毁一个人的梦想、激情，让他变得一文不值。尽管你对这些东西非常渴求，但是要保持清醒头脑，别丢了自己的看家本领，这才是你立足于世、基业长青的根本。有的人，只指望天上能掉下一块大馅饼。还有的人，为了得到自己想要的东西，出卖自己的尊严、人格、底线，他们注定无法得到别人的尊重，也在利益交换中丧失了谋求更大成就的机会和可能。

【赢家策略】

骨气是一种灵魂，让人堂堂正正、顶天立地地存活在世上，在最艰难困苦的时候笑对人生，昂首挺胸。骨气是一种精神，让人如风雪中的松柏一般，挺拔身姿绝不屈服。有骨气地活着，短暂的人生也会因此出彩，这是一笔可贵的精神财富，激励着以后的子孙后代，为人生描绘出多彩的画卷。

3. 不处处迁就别人，才能让人看得起

为人处世要有自己的一套原则，在日常生活中更要时刻恪守这些原则。这里的原则包括处世的方法，也包括日常生活中如何为人处世的立场。没有原则的人就像墙头草，随风摆动、随波逐流。这样的人只会一味地迁就他人，为了迎合对方的观点、口味而背弃自己做人的最基本原则，长此以往，非但不能赢得他人的信任和赞赏，还会被人看不起。

只知道听命于别人的人，认为别人说的都是对的，工作办事没有自己的方法，缺少自己的原则，这样的人只能当别人的影子，一辈子没有出头之日。没有自我的人容易走弯路，不仅浪费时间，更要犯错误。在现实生活中，你是否也是没有原则的人呢？当别人在你的伤口上撒盐的时候，开着伤害你自尊的玩笑，你不吭一声，只是尴尬地笑着，甚至还主动迎合对方。你不敢发火，害怕别人说你开不起玩笑，所以你只能一味地迁就对方，容忍对方对你造成的伤害却不发一言。迁就，这简简单单的两个字让你头疼不已。

同寝室的两个人小张和小刘表面上看情同姐妹，但实际上两个人的矛盾却在不断地加深。一直迁就小刘的小张认为，小刘这个人太不懂得体谅

别人了，为人太过自私。为什么这么说呢？在寝室里，每个星期每个人都要值一次卫生，来保持寝室的干净整洁，而每次轮到小刘值日的时候小刘都用各种借口推脱掉，没办法，小张只好替她来做。一次两次也就算了，小张也没有什么怨言，但是大学的这几年来都是小张帮助小刘来打扫卫生。小张对小刘的迁就使得寝室里的其他人有些看不下去了，她们不止一次地对小张说，你不能再这样迁就小刘了，这对你一点好处都没有。但每次，小张听了之后都大度地笑笑说没关系。

再来看小刘的个人习惯，不爱打扫卫生，更不注重个人的卫生。她的脏衣服、臭袜子每次都胡乱地丢在寝室的各个角落，这让寝室里的其他人叫苦不迭，而小张却不以为然，一笑了之。在其他方面，小张和小刘一起逛商场、逛超市，凡是小刘看不上的东西，小张一律听从小刘的意见，坚决不买，甚至小到买一盒牙膏也得遵循小刘的意思。在旁人看来，小张如此没有主见，也渐渐地疏远了她。而小张也自食恶果，在一次次的迁就小刘的过程中，小刘也开始厌倦了她，在某次的危机中两个人的矛盾爆发，小刘大呼："你太人云亦云了，真是没有主见的人！"从此两个人形同陌路。

分析小张这样的心理，主要是因为自卑而害怕别人不喜欢她，为了避免和别人产生矛盾，老是用迁就别人来换取和平的局面。而一味地迁就别人表面上看是很善良，但实际上却非常可笑。对别人迁就太多导致自己变得懦弱，也会让别人得寸进尺。所以，在别人还没有给你造成重大损失的时候就要马上停止这种无谓的迁就。

其实，办事没有原则，有时就会表现出这种一味迁就他人的现象。由于自己缺少足够的立场，所以很容易被别人牵着鼻子走。在别人看来，你

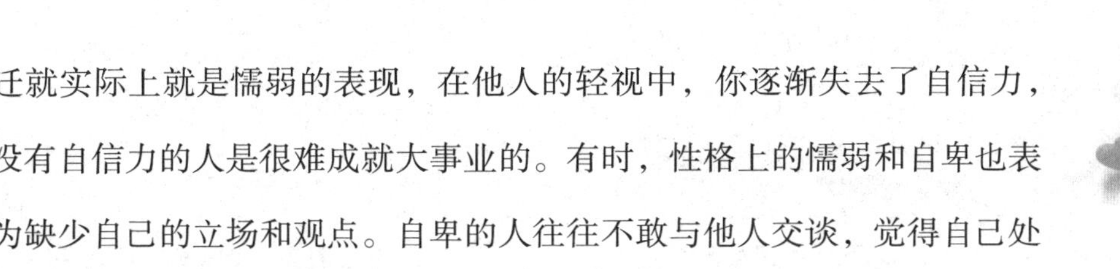

的迁就实际上就是懦弱的表现，在他人的轻视中，你逐渐失去了自信力，而没有自信力的人是很难成就大事业的。有时，性格上的懦弱和自卑也表现为缺少自己的立场和观点。自卑的人往往不敢与他人交谈，觉得自己处处不如别人，一无是处。怯懦则会导致自卑，时刻看别人眼色行事，没有自己的想法和主见，唯唯诺诺。

你不可能取悦所有的人，若是仅仅因为你的迁就而喜欢你，你又有什么价值可言？凡事都有底线，在别人触犯你的底线的时候就应当收起你的迁就，维护自己生存的权利。所以，做什么事情都要有一个度，不能过度，否则就没有原则。缺少原则，便不会得到好的结局。

没有原则的人往往意志力薄弱，遇到什么事情都不懂得自己先思考，听到别人的三言两语就屈服，马上防线崩溃，任人摆布。比如说在日常的酒桌上，本来想着只喝两杯尽到意思就行了。但在朋友的不断劝说下，之前的原则全都抛之脑后，放开肚子开始豪饮起来。其结果可想而知，不仅自己酩酊大醉，误了不少正经事，回家也无法和妻子孩子交代，对自己身体上的损害也极大。

由此可见，有原则是如此的重要。有原则的人能懂得在什么时候迁就别人，在什么时候果断地拒绝别人。而有原则的人往往有自信，敢于勇敢地面对问题、面对困难。伟人和平庸的人的区别就在于是否有原则，前者有清晰的人生方向和目标，在为人处世上具有足够的自信，能够按照自己的方法义无反顾地走下去，而后者则碌碌无为，终日混混沌沌，不敢迈出前进的步伐。所以在有原则的人看来，他们离伟人的距离很小，可以说，有原则的人就堪比伟人。正是懂得了这一点，成为伟人才没有想象中那么艰难。

迁就不能有，在别人看来这种所谓的迁就不值一提。做人要有原则，如果丧失了原则，就丧失了做人的基础，失去了评判是非的标准。没有原则的人无法分清敌我好坏、是非曲直，一天到晚稀里糊涂，极易走入歧途。

要想让人看得起，首先就要懂得拒绝，而不是处处迁就。为人有原则是做好工作的首要条件。有些人对人无法拒绝，便是自己的原则性出现了问题。如果一个人老是想迎合别人，那他就得强迫自己去做一些与自己本意不符合的事情。所以要提高自己的拒绝能力，首先要懂得不迁就，有原则。当你把握自己的原则，拒绝他人也就会变得理直气壮，不随意迁就他人，自己的公信力也大大增强，让人刮目相看。

4. 拒绝成为任人宰割的“阿斗”

人往高处走，水往低处流，是我国劳动人民在长期的生活实践中总结出来的规律。一个人要有理想，有目标，向往美好的生活。这就像大树往高长，鸟儿往上飞一样，无可厚非。人只有追求才会加倍努力，有了理想才能奋斗。如果自甘堕落就像水一样，没有动力只能往下流。

有的人安于现状不懂得进取，就像阿斗一样，没有主见，只能任人宰割。有人说，现如今的社会发展这么快，我当然是坐下来好好地享受成果，为什么还要那么拼命地去奋斗、努力，这有什么意义吗？诚然，在平凡人的心中都有一种惰性，喜欢享乐，但是长期在安逸的环境中生活的人迟早会退化，其结果令人震惊。

拿古代的帝王将相来说，他们之所以能够成就春秋霸业，正是因为他们具备了真刀实枪的真本事、真能耐，又深刻懂得人生的艰辛和命运的风险，在不断的磨难当中打败对手，赢取了整个社稷江山，成为万人之上的一代君主。在历史上，历代的开国君主总是让人们大为钦佩，他们的丰功伟业代代相传，而反观他们的子孙后代却大为不同。在那些继承皇位的子孙中，从小就享受惯了锦衣玉食的生活，对社稷之艰难、国运之兴衰完全没有概念，大多是白白地享受了先人传承的江山社稷和爹妈送给他们的荣华富贵，而不懂得如何去经营。因此，他们大多都只知道如何去占有和享乐，不知富贵来之不易，在纸醉金迷中渐渐地迷失了自己，也败光了祖宗的遗产，最终国破家亡。三国时的蜀汉后主刘禅便是典型的例子。

后主刘禅是蜀汉先主刘备的亲生骨肉，小名被取为“阿斗”。刘禅的一生在兵荒马乱当中度过，生于三国乱世，长于血光剑影之中，但这些经历没能造就他坚毅的性格，反而使他以软弱无能、丢失祖业而臭名远扬。在长坂坡之战中，刘备和曹操两军兵戎相见，年幼的阿斗被遗弃在乱军之中。常山赵子龙奋勇杀敌，杀出了一条血路终于救出了阿斗。死里逃生的阿斗被救出后，总算保住了皇室的血脉，刘备以后更是对自己的爱子呵护有加。

既有皇室的血脉和如此豪壮悲惨的身世，又有父亲和众人的期望，刘禅本来应不负众望成为一代明君，但是往往事与愿违。在刘备的溺爱当中，阿斗不思进取，虚度光阴。刘备老年的时候，蜀汉的气数越来越弱。先是结拜兄弟关羽、张飞的死让他大受打击，之后又是阿斗终日沉迷酒色，不务正业，让国家大事被太监全权掌握，两件事情对刘备的摧残使他命数罄尽。

刘备死后，光复汉室的重任就落到了蜀相诸葛亮的手中。诸葛亮曾六出祁山，但北伐皆无功而返，最后命竭五丈原。诸葛亮六次北伐皆失败，既与蜀汉兵力衰减有关，另一方面又与阿斗的昏庸无能有关。在六出祁山中，诸葛亮曾有过多次的小胜，蜀军士气大振，但此时，无能的阿斗却听信太监黄皓之言，担忧诸葛亮携兵在外，权柄太盛而功大欺君，为了防止诸葛亮弑君篡位，他以“思念”丞相为由召诸葛亮立即返蜀。在太监的一手操纵下，诸葛亮返回成都，当他知道真相时气得火冒三丈。后来虽然继续复出打仗，但为时已晚，战机和士气都大打折扣。诸葛亮死后，蜀汉的前途更为无望，国内人心惶惶，将帅离心，百姓逃亡。在魏将邓艾的侵略下，西蜀王朝终于灭亡了。

蜀汉灭亡之后，阿斗成了亡国君主，被司马昭命人押解到魏都洛阳，司马昭用美酒歌舞来消解他的帝王之气，而这正合了阿斗的心意。身为亡国之君的阿斗竟没有丝毫的悲伤，当司马昭问及阿斗是否思念蜀国时，阿斗答道：“此地乐，不思蜀。”

扶不起的阿斗就是这种天生高高在上，衣来伸手饭来张口，享受了无限的荣华富贵而不知人间疾苦的人，因为养尊处优最终成为了无能的废君。因此，处在高位的人时刻都不能忘记人间疾苦，要体察民情，时刻敲响警钟，居安思危。

如何改变这种懦弱的本质，不任人宰割呢？首先要懂得居安思危，位高而言重，居高位者要谨言慎行。坐在帝王宝座上的人，头顶上都悬挂着一把锋利的宝剑，时刻保持着警醒的态度，绝对不能粗心大意。在纸醉金迷时，养尊处优时，应该时刻记得这些身外之物都是虚幻的，守住江山社稷才是重中之重。如果没有吃苦耐劳的优良品质，没有蒙苦受难的斗志，而只知道白白享受福分，那么，离灾祸也就一步之遥了。

其次，要敢于吃苦。成功的法则千年来都是一样的，不付出艰苦的努力和代价断然不可能成功。只懂得坐享其成的人，早晚会被自己毁灭，现今的年轻人应该时刻谨记不为任何风险所惧、不为任何干扰所惑的方针，在为事业的奋斗中创造人生的辉煌。广大青年应该坚持艰苦奋斗、敢于吃苦的品质，勇挑重担，不怨天尤人，不贪图安逸。在事业的成就中依靠自己的辛勤努力开辟人生和事业的前进道路，从小事做起、从点滴做起，不沉湎幻想、不好高骛远，用埋头苦干的行动创造实实在在的业绩，在千磨万击中历练人生、收获成功。

【赢家策略】

人生需要拼搏，人生需要奋斗，想要不做任人宰割的“阿斗”，就要有那么一种超越前人的勇气。也许成就事业的道路充满荆棘，充满泥泞，也许前方困难重重，但只要做到心无旁念，任何艰险都幻化于无形之中。

风云变幻更使苍茫大地显得绚丽多姿，狂风巨浪使滔滔江海更显气势磅礴。没有人愿意碌碌无为地度过一生，没有人愿意让自己的人生黯淡无光，为了向上走，就需要不断拼搏，这样的人生才有意义。

5. 你可以有好脾气，但不能懦弱没主见

人是感情动物，自然免不了有时候会闹脾气、耍性子，这是一种本能的反应，本来无可厚非，但是脾气的发泄却大有讲究。一般来说，要分场合与对象，搞错了就引火上身。因此，脾气有好坏之分，脾气坏的人可以说是性格缺陷所致——遇事不冷静，常常犯急吵架，为了一些鸡毛蒜皮的小事而大发雷霆，结果树敌无数。

而脾气好的人有一颗包容心，遇事沉着冷静，不会随意发火，能很好地克制自己的情绪。可以说，脾气好的人一般情商都比较高，因此在人际交往中往往更受欢迎。不过，有些好脾气的人却没有主见，表现出懦弱无能的一面，这就值得商榷了。

换句话说，这些人个性懦弱、心理自卑，所以在与人交往中表现出妥协、退让的一面，让人误以为他们脾气好。通常，他们不善于直接表达，而是采取克制的方法，压抑自己内心真实的想法，从而避免了人际关系的冲突，或者说回避了别人对自己的负面评价。这种所谓的好脾气，并不值得提倡。

由此看来，做人可以有好脾气，但是绝对不能懦弱无能、缺乏主见。人活在世间，千姿百态。有贫者富者、优者劣者，而无论如何都是一个独

立的人。为了迎合他人而隐忍退让，虽然赢得了暂时的和睦关系，但是这种以自我压制、丧失立场为代价换来的好人缘，没有太大价值，会极大地损害自己的利益。

刘南刚刚大学毕业，在校期间就以好脾气出名。作为一个纯粹的工科生，他没有像别人那样从事和专业相关的工作，而是转了 180 度投身到文科性的工作中去，先到杂志社当编辑，后到一个网站当主管，经历可谓丰富。虽然经过了几次跳槽，但一路走下来都很顺利。刘南之所以能坚守下来，是因为他始终把握住一个原则：做一个有主见的人。

对于这一点，源于他大三那年暑假找工作的切身体会。当时，刘南在毕业一年前就着手职业规划，而身边的同学都还在浑浑噩噩地度日子，有的人甚至对刘南打趣。对此，他只是听在耳朵里，没有多想。有一次，刘南拿着作品跑到一家广告公司应聘。

老板对刘南说：“你是大三学生，还没毕业怎么就来工作?”刘南开始很谦虚:“大四课少，我可以兼职做设计，毕业后就可以长期做设计。”老板显然不相信这样的说法，但刘南继续不卑不亢地说：“能力可以在工作中进行考察，不能只是简单地看学历。况且你通知我参加面试的时候就已经知道我是大三学生了。”

面试结束后，刘南已决定无论结果如何，都不会来这家公司上班。在他看来，老板的用人理念这么老套，怎能有大的作为呢？在这样的组织里发展，前景一定非常暗淡。从那时起，刘南下定决心，无论工作待遇如何优越，只要不符合自己的心意，就不要勉强自己去接受。在择业这件事情上，把主动权掌握在自己手里，才会获得一个良好的发展平台，进而实现良性发展。

做人一定要有主见，这是刘南送给自己最好的毕业礼物。从大四那年开始，刘南加入到找工作的大潮中。记不清自己到底投了多少简历，最后他到一家很有名气的台湾公司应聘。刘南对这家公司很满意，本以为工作就能这样定下来，然而事情又发生了出人意料的变化。

就在准备签约之前，刘南突然接到一个电话，被邀请到另一家公司面试。对此，他并没有放在心上，以为不过是一家“野鸡”公司。过了几天，刘南没事便四处闲逛，无意当中来到了这家公司，才知道它在业内大名鼎鼎，只是这个时候面试期已过。

虽然有些遗憾，但是刘南没有多么伤心。在即将与台湾公司签约的时候，那家公司又给他打来了电话，要求进行面试。权衡再三，刘南放弃了台湾公司而选择了后者。刘南深信，自己在这家公司里一定能得到更大的发展，学习到更多东西。最终，刘南顺利入职，捧上了“金饭碗”。

凭借有见地的主张，刘南一路走来，不仅获得了一个良好的发展平台，更在日后职业发展中步步为营，远远超出了同龄人。事实上，无论找工作，还是做其他事情，一定要有主见，要知道自己想要的是什么，一步步稳扎稳打才能取得主动权。

生活中，追求良好的人际关系，以好脾气示人，是高明的处世策略。不过，表面随和不代表骨子里缺乏主见，以及懦弱无能。外圆内方，才是我们应该秉承的做人哲学。而为了追求良好关系而低三下四迎合他人，只会被人误以为缺乏主见、没有立场。这样的人奴性十足，不但被他人看不起，也很难成就大事。

有主见的人掌握自己的命运，造就自己的一生。那些有主见的人即使在平淡的生活中也能创造出不凡的成就；相反，那些表面上风光无限的人却缺少主见，始终无法赢得他人的信赖和重视。

经验表明，内心刚强有智慧而外表随和的人，不仅容易赢得他人的尊重，也是一个人成大事的关键。既能放低姿态去听从他人的好的建议，也能在关键时刻坚持自己的正确想法，更容易在成长的各个阶段如鱼得水。

【赢家策略】

一个人事业有成，除了运气，最主要依赖于有主见、有魄力。当然，有主见的人要承受更多的磨难、更大的考验，免不了要遭受旁人的非议和指责，而这恰恰是成就伟业必经的训练。天将降大任，必然要把机会留给能独当一面的人。

主见就是主意，更是决策。它不是固执己见，觉得自己什么都是对的，而是做事情依然需要旁人的指点和指导。在生活中可以有好脾气，但也不能任何事情都唯唯诺诺，只听别人的意见。事实上，主见来自于实践，来自于学习和生活，更来自于本身的水平和能力。别人提的看法和意见固然重要，但自己也必须要有区别善恶是非的能力，提升自主性。

6. 自我轻贱的人，凭什么让人高看

当一个人太把自己当回事的时候就会自以为是，自我膨胀。这样的人会让人敬而远之，不敢接触。试想一下，又谁愿意和这种目中无人，需要自己仰视的人做朋友呢？但是这也不是说我们就得把自己看轻，让自己一文不值。有时候我们也需要把自己看得重要一些，但要掌握好度，如果连自己都看不清自己，又怎么能让别人看得起自己呢？当一个人自暴自弃的时候，不管他曾经取得过多大的成就，在别人眼里都是一文不值。

一张人民币不管被践踏过多少遍，它的价值依然保持不变，人们都愿意拥有它。实际上，我们人类又何尝不是这样呢。人生好比股市，有涨有跌，起起伏伏。平日里再光芒四射，春风得意的人也免不了遭遇一些落魄的时刻。当你在前进的过程中跌倒了，当周围的人开始大声嘲笑你的时候，你一定不能自暴自弃。如果你破罐子破摔，周围的人只会更加地看不起你。俗话说“不蒸馒头争口气”，尊严是我们最宝贵的财产，如果我们连它都要抛弃，这辈子就真的再难翻身。

凡事有因必有果，一个人不会平白无故地自暴自弃。我们之所以会看不起自己，往往是因为我们遭受了重大的挫折和磨难，一时难以在极大的

失望与悲痛中解脱出来。在心理学上，这被定义为应激性的反应，出于自我保护的目的。尽管这属于正常反应，无可厚非，但这样的状态绝不能长期地维持下去。凡事都有度，如果一个人长期保持这种消极的态度，就很有可能深陷于此，难以自拔。继而患上忧郁症、自闭症，距离正常的社会生活越来越远。所以，不管遭遇多么大的困难，都不能消极怠工，要想着生活依然充满希望和机遇，尽早从负面情绪中摆脱出来。

“宝剑锋从磨砺出，梅花香自苦寒来。”这是古人给我们的启示，的确，只有经过地狱般的磨砺才能练就锋利的刀刃，只有经过严寒的考验才有沁人的香气。成功人士的背后都有不为人知的一条漫长的沧桑之路，历经过常人难以想象的困难时期。所以，想要成功没那么容易，历经挫折再平常不过了，那么我们为什么要自暴自弃呢？千里马也有失蹄的时候，我们又有什么理由看不起自己呢？留得青山在，不怕没柴烧。

张伟不过 30 多岁却早已拥有了千万身家，在当地是有名的青年企业家，在竞争激烈的商场中夺得一席之地，成为了一个十分了不起的后起之秀。众人谈起张伟的创业历程无不竖起大拇指大声赞叹，在他们的眼中，张伟是一个心思细密、聪明睿智的人。在众星捧月的环境中，张伟渐渐地有些失去了自我，变得飘飘然了，甚至在人前也变得盛气凌人，不可一世。

然而，好景不长，一场经济危机使得众多的企业纷纷倒闭关门，张伟的企业也受到了不小的影响。为了能挺过危机，张伟和其他企业家一样开始快速回笼资金，为下一年的复苏储备能量。可是，张伟用错了方法，他的措施并没有见效，公司的经营状况直线下降，连连亏损。为了挽救公司，张伟没有放弃丝毫的希望，他甚至开始变卖自己的房子和车子，只为了能够给企业注入足够的资金，熬过这个难关。

但是，公司的资金漏洞显然是一个无底洞，无论张伟投入多少的资金都有去无回，苦心经营的企业也濒临破产的边缘。三个月后，张伟无奈地宣布公司彻底破产，转亏为盈无望。在清算公司财务时，张伟惊讶地发现，除去赔掉的那些钱，自己还欠下了巨额债务，转眼间千万富翁变成了负翁。

在公司倒闭的几个月内，张伟承受了巨大的打击和压力，还要时不时地提防前来讨债的债主们。张伟的困境没能让他们产生同情心，一批批的债主集体上门讨债，张伟的精神濒临崩溃。原本张伟还计划着等到危机过去就四处筹钱东山再起，但巨大的债务压力和债主们的日催夜讨彻底让他跌入了地狱。张伟无可奈何，觉得自己没有能力改变这一切，只能每日借酒消愁，自暴自弃。

公司的倒闭和债务的压力让张伟丧失了自己，他开始瞧不起自己，每当出门遇到熟人他都躲着走，生怕对方认出自己。在张伟的心里，他觉得自己早已颜面扫地，再也没有脸见人了。起初，家人和朋友们还能时不时地劝解他，鼓励他东山再起。然而张伟的所作所为让众人寒了心，他破罐子破摔的态度已经明确地告诉大家，他自己已经放弃了。由于张伟自己都放弃了自己，他的朋友和亲人也开始逐渐地远离和疏远他。

一时之间，张伟似乎众叛亲离，旁人都觉得他变成了“扶不起来的阿斗”，根本不值得为他浪费口舌劝他振作。而张伟只能在酒中找到慰藉，变成了一个终日酗酒的废人。

人的内心总是脆弱的，时常会被生活中的一些小事打击到。看到别人飞黄腾达，过着锦衣玉食的生活，再面对自己穷酸的模样，难免会有些想法。但是有的人会因此而奋发向上，寻求改变自己的方法，而有的人却开始瞧不起自己，变得自暴自弃，对自己产生嫌弃的情绪。其实，我们都是普通人，我们的起点都是一样的，面对生活的不公平，我们更应当努力寻找改变的方法，首先就应该接受自己，坦然面对自己当前的处境，然后在这个基础上不断地完善自我，实现自己心中的理想。

比我们优秀的人大有人在，如果每当看到优秀的人就产生自卑的情绪，那我们的民族，我们的国家又如何能进步呢？瞧不起自己的人是永远无法成功的，因为他首先就否定了自己，连尝试一下的勇气都不曾有过。

【赢家策略】

人的潜力是无限的，每个人都是深藏不露的高手，我们都会有不为人知甚至不为自己知晓的特长。闻道有先后，术业有专攻。面对比我们优秀的人只需见贤思齐，朝着他们的方向不断努力。

“不抛弃，不放弃”是士兵许三多的名言，在生活中我们更是需要这种理念。生活永远都不是一帆风顺的，尽管艰险不断，但我们永远都不能放弃自己。一个自暴自弃、看不起自己的人，如何能赢得他人的尊重，如何能成就伟业？所以，给自己信心，给自己希望，让自己逐渐地成长壮大才是我们成就事业的首要法则。

第三章

面子心理：因为面子而当『老好人』只能活受罪

喜欢讲面子，习惯给人面子，是国人的通病。照顾到他人的面子心理，是必要的；但是不能因为面子而当“老好人”，那只能让自己活受罪。不好意思拒绝他人，不好意思争抢机会，不好意思扮“黑脸”……这么多“不好意思”必然汇聚成强大的压力，让你喘不过气来。请戒除对面子的过分在意吧，别让它阻挡了我们快乐生活的脚步。

1. 你是不是还在死要面子活受罪

中国人好面子，无论是在什么场合都把争面子看做是人生第一要义，甚至可以为了面子抓破脑袋、倾家荡产，以至于有打肿脸充胖子这样的事情发生。在我们的身边，每天都在上演这种死要面子活受罪的事情。但是我们坐下来冷静地想想，几个人为了面子争得头破血流真的值得吗？其实只要抛开人情的包袱，我们就不至于活得这么累，而且也没有必要觉得不好意思。

许多人从小就被灌输一种理念，要为家里争光，要争气。以至于在以后的生活工作中都不能比别人差，什么事情都要插一脚，占个名分，沾点光，让自己脸上贴彩。其实，每个人都有想要暴露的欲望，希望自己家财万贯，希望升职加薪，希望得到上司的赏识和称赞，希望在众人中脱颖而出，鹤立鸡群。但是，这么多的愿望都能一一实现吗？我们每天为了自己的面子活得太累、太辛苦了。

面子像是一个无形的玻璃罩子，让人心里有苦却难以说出。为了不让别人看扁自己，我们从来都不敢放下面子，说出自己的难处和不堪，时常不知道拒绝别人，该说的话不敢说，往往是哑巴吃黄连有苦说不出，把打碎了的牙默默地咽进肚子里。很多时候，碍于面子的问题，我们时常被人情所拖累，而结果还往往是吃力不讨好。虽然给人好脾气、好说话的印象，但是这样做值吗？

王刚在北京工作，小日子过得还算可以，有一份体面的工作。但是自己现在租住的房子离公司很远，每天都要倒三趟车才能赶到公司，有时候遇上塞车上班迟到被扣了不少奖金。为此，王刚早已在心中谋划着一个想法，那就是在公司附近买下一套单身公寓。王刚看了许多房子，终于选中了一套，把自己仅有的积蓄作为首付，并办理了贷款。可是，拿出积蓄的王刚就只剩下 1000 元钱了，距离发工资还有半个多月的时间。王刚想着要是自己仔细规划着花，是没问题的。

然而王刚打的小算盘却被突如其来的一个电话毁坏了。这天晚上，他接到老家姑妈的电话，说要一个人来北京旅行，顺便来看看王刚。挂断电话，王刚想着姑妈来看自己，怎么能不尽地主之谊呢，可是这样一来自己仅有的生活费就难以继续维持接下来的生活了。

第二天，王刚一下班就赶往机场迎接姑妈，在简短的寒暄之后，王刚提出了一起吃饭的建议，姑妈没有推脱，爽快地答应了。本来王刚想着带姑妈去吃北京烤鸭，既能体现出北京的特色，自己也负担得起。但是没想到姑妈竟然提议说要去一家法国餐厅吃饭，这让王刚面露难色。但是，看着一脸期待的姑妈，王刚实在是不好意思扫她的兴。他听说过那家法国餐厅，里面的食物相当昂贵，自己还从没有去过，但是转念一想要是菜点得不太多的话应该也能承受吧。

来到餐厅，服务员们很热情地递上了菜单，出于礼貌，王刚让姑妈点菜，并说着让姑妈随便点，不要在意钱的话。但是王刚说出话来就后悔

了，自知没有底气脸上露出了忧心忡忡的表情。姑妈看了看菜单，点了一份法式鸡肉，而王刚则随便点了一份最便宜的。此时，王刚内心总算松了一口气，但很快他的心又提到了嗓子眼。

服务员记下点单的内容后，又很殷勤地向他们推荐本店的特色菜——鹅肝酱。在服务员绘声绘色的介绍下，姑妈表现出异常的好奇，并表示一定要尝一尝。面对如此欣喜的姑妈，王刚又怎么好意思说“不”呢，所以他十分不情愿地点了点头。

进餐的过程中，王刚兴奋异常，不断地讲述自己这几年在北京的奋斗历程，把自己夸上了天。姑妈听了王刚的话，也很开心。王刚觉得自己终于在亲戚面前风光了一把，赚足了面子。饭后，姑妈又点了甜点和咖啡，这让王刚的心如割肉一般的疼，他知道自己带的钱是绝对付不起今天的账了。在结账的时候，王刚更是死要面子活受罪，一边说着让自己付款一边拿出自己的钱包，但是他的动作显得异常的缓慢。姑妈见状，认真地说道：“傻孩子，你怎么非要争这个面子呢？我知道你买了房，现在手头没有钱，但是怎么不知道拒绝我的要求呢？你这不是死要面子活受罪吗。”说完，姑妈结了账。

诚然，我们都不希望别人看扁自己，都希望在别人眼中能展示一个最风光无限的自我，但是打肿脸充胖子固然很光彩，可其中的苦涩却是巨大的，自己付出的代价也只有自己最清楚。有些事情，勉强去做不仅会委屈自己，而且还吃力不讨好。既折损了自己的斗志，还招来旁人的嘲笑和讽刺，既然如此，我们何不抛开面子，脱下戴着的面具，活出一个最真实的自我呢。

中国自古就是一个礼仪之邦，中国人深受礼教的束缚及文化的熏陶，与人相处讲究的是谦逊有礼，在这种文化的大背景下，人们在社会交往的过程中，往往会把“不好意思”挂在嘴边，殊不知过度的谦逊就是虚伪，有时候太多的“不好意思”反而可能会给对方留下矫揉造作，不真诚的印象。

要面子无可厚非，我们都不想活得邋遢暗淡，但是死要面子活受罪就是不可取的了。在日常生活中，我们要量力而行，对自己能力之外的事情我们就要坚决地拒绝，绝不能委屈地接受而让自己承受苦果。要想有面子就决不能不好意思，凡事给自己留条后路，让自己有周旋的余地。话从不说绝，不把话说死，这并非是胆小怕事，没有勇气，而是一种可进可退、可攻可守的处世大智慧。

2. 不要让人情捆住你的手脚

对于中国人来说，人情交往无疑在其生活中具有重要意义。事实上，从生活的本真意义来看，人情交往具有一种不可抹煞的价值因素。比如，人情交往所强调的以心换心、推己及人的为人处世方式，以及在一定限度内强调人与人之间的相互关怀、相互照应所体现出来的正面效应，均为非日常生活领域增添了人之为人本应具有的温情，并使得充满竞争机制与法权关系的现代社会变得富有人情味，从而也为我们的生活世界增添了一种难得的生活情趣。总之，适度的人情交往作为人们进行情感交流的一种方式，可以使交往双方通过心与心的交融获得情感上的满足，并且，还可以在彼此间情谊贯通的基础上实现人际关系的和谐与融洽。

这样，不仅能在一定程度上减少因生活事务的繁杂及工作节奏的加快所带来的心灵无所依托、情感无所适从等情形，而且，人们还会在这种情感氛围中寻觅到一个属于自己的精神家园，体味到一种暖意融融的“在家”的感觉。同样，进而言之，若从横向共时性角度来考察中西方对人情的不同态度，或许更能从中发现和印证人情所具有的独特价值及其不可或缺性。

但是通过对中国的“人情”分析，我们应该看到，作为一把双刃剑，人情对人际交往的影响有两方面：一方面，中国的“人情”关系相对于西方社会缺少温情的人际关系来说，可以说是人类本应有的人与人之间的关怀。正是由于“人情”的存在而加强了人们彼此之间的亲近感和认同感。“人情”集中地反映了中国世俗文化的特质，是避免现代文明带来的人际关系功利化弊病的有效要素，对于改善人际关系、提高人类社会质量有一定的积极作用。但另一方面也应看到，“人情”有不适应市场经济对社会生活和公共伦理秩序要求的一面。如果人际关系中的“人情”泛化到职业活动和政治活动中去，将社会公共生活和职业活动“私人化”、“情感化”，就会造成腐败和社会不正之风泛滥，破坏社会秩序的正常运行。

人情关系渗透在各个方面，有时会让人猝不及防。在交警例行公务查酒驾的时候，遇到醉酒驾驶的司机，按理说应当根据法律法规做出处罚。该吊销驾照，就吊销；该罚款多少，就是要罚多少；该进班房的，便无需商量。这就是执法严格的问题，交警在对待酒驾的司机，可谓是坚持原则，绝对不能有丝毫的人情味儿。但是在碰到熟人的时候，一切就大为不同了。看到熟人，醉酒驾驶的司机肯定会扯上各种能攀上的关系，交警面对熟人也不好做出什么过于严重的处罚，只能网开一面。不要说吊销驾照、进牢房这种事情，甚至连分都不用扣，交警可能睁一只眼闭一只眼就过去了。

法律在人情面前形同虚设，因为有人情在，即使这些人做出了违法犯罪的事情也照样有人替他们一手遮天，网开一面。人情凌驾在法律之上，这样的例子数不胜数。那些应该被判处死刑的犯人，通过层层关系的疏通，改为死缓或者减刑。应该重判的人，通过人情、钱财的作用只需在牢房里呆上几年便能出来重新做人。正是人情大肆横扫，才让今天的社会如此不堪。所以，执法人员在人情面前应当说“不”，坚决维护法律的尊严，不为人情、金钱所动。在一个关系网笼罩的社会，任何的法律都会因为人情的存在而落实起来非常困难，任何的规章制度因为关系的处理而打折扣，法律和制度甚至为人情和关系让起了路，我们国家的发展就会遇到重大的障碍。

往大了说，人情能危害国家法律的运行，往小了说，人情能对我们的正常生活造成不良影响。日常生活中我们都避免不了排队，银行办业务、火车站买票、食堂排队打饭……这些平常小事中我们都知道要遵守规则，自觉排队。但是总是会有一些熟人突然出现，跟你打个招呼就极为自然地排在了你的前面，尽管你还没有答应对方的要求。这样的情况屡屡发生，以至于我们都习以为常，见怪不怪了。今天你插我的队，明天我插你的队，你来我往，倒是符合了人情的定义。如果后面的人不买账怎么办？这很好办，现在不是人情社会吗，只要我向你示弱诉苦，添油加醋地编一些急事要事来博取众人的同情，你还能继续不让我插队吗？这样一来，后面的人也不好说些什么，碍于人情的面子，要是自己再据理力争岂不招人闲话。而这就使那些天生不讲理的人越来越嚣张，助长了他们继续为所欲为的气焰，以后不管前面有没有熟人都直接往队里插，反正也不会遭遇什么严重的后果，顶多吵上两句。

面对人情对我们生活的非难，我们一定要勇于说“不”，人情不是在任何时候、任何地点都适用的。人情的大肆盛行正是对方抓住了我们不敢、不好意思拒绝的心理。在关于权益方面的事情上，我们千万不能有这种不好意思的心理，此时我们应该大胆地争取、维护自己的合法权益，决不允许对方因为所谓的人情而损害自己。

朋友、同事、亲戚有事相求，如果是很过分、不合常理的事情也应该勇于拒绝，特别是一些借钱、为人作担保等事情上，更应该仔细斟酌，如果超出了自己的能力范围，也应该说“不”。生活中经常见到吃了哑巴亏有苦说不出的人，与其事后大为懊恼后悔，还不如早点拒绝，免得日后苦恼。

人情关系带来的负面影响我们有目共睹，在社会上，因为人情关系而造成的冤假错案数不胜数，而一些应该得到惩罚的坏人却逍遥法外也是因

为人情关系在作祟。人情关系带来的负面影响将直接阻碍社会的良性运行，阻碍社会的进步。

想要不被人情所绊，不被人情所累，就要不怕充当黑脸，不能怕不好意思。否则最后只能自己独尝苦水往肚子里咽，还落得个左右为难、里外不是人的结局。想要去除“不好意思”的性格需要通过不断的学习，为人不能优柔寡断，要深入生活当中，不做象牙塔中的“赵括”，主动去了解生存竞争的残酷，相信在经过一段时间的磨砺后，自然就不会动不动就“不好意思”了。

3．别活在别人的眼睛和嘴巴里

在我们的身边有这样一群人，他们老是在意周围人对他们的评价，一有不好的评论出现就会抓狂，开始没有条理地去改变自己，仿佛他们不是为自己而活，而是为了别人而活。绝大部分的人太过在意旁人的眼光，活在了别人的眼里和嘴巴里。一旦别人觉得你穿着土气、没品位，你就开始整日研究时装疯狂购物；别人觉得你为人小气不够大方，你便狠下心来拿出钱请别人吃昂贵的大餐……

在人的一生中，我们活着显然是有更重要的事情去做，绝不是简简单单地为别人而活。仅仅因为别人的三言两语就开始惶惶不安地寻求改变，表面上是为了让自己变得更加完美，而实际上不过是为了曲意逢迎他人的爱好。但是我们再怎么改变自己也难以让每个人都喜欢自己，众口难调，又何苦因为他人的一言一行而让自己苦恼、痛苦不堪呢？

人到中年的老王在事业上可谓是顺风顺水，身为一家知名企业的中层管理人员，他每天早上都是衣冠楚楚地去上班，对自己的外表十分在意，每天都会打扮得相当体面。走在路上时常会听到邻居的招呼声，这让他十分自豪和满意。在他人的眼中，老王塑造的是一个成功者的形象，在单位同事的眼里，他是一个体面的领导，让人尊敬和敬仰。

老王身为领导，官虽不大但是也十分讲究排场，就连每次上街买菜都要穿得体体面面才出门，而且绝对不去菜市场这种掉身价的地方，去超市才勉强符合身份。然而，老王当领导的日子没过多久就遭遇了不测，他所在的公司实行改革，老王莫名其妙地被解雇了。失去了工作的老王没了收入，自己投资的股票竟然也被套牢，原本富足的家庭一下子变得异常拮据。

按理说老王此时就应该出去找工作，但是他却碍于面子放不下身段，又怕受人指指点点，说自己竟然沦落到今天这个地步。受不了这种情况发生的老王每天早晨还是打扮得衣冠楚楚到楼下，生怕被别人知道自己早就丢了工作。

由于太爱面子，老王放不下自己曾经的领导身份，也忘不了当时的威风和神气，为了能继续维持成功人士的形象，也为了让众人不起疑，他开始整日游荡在大街上。老王时常给自己的故交老友打电话，由于他们多是有着一官半职的领导或者做生意发财的商人，老王多半时间都能混上几个饭局，每次都是油光满面地赴宴，很好地维护了自己的面子和形象。

妻子对失去了工作还活得如此潇洒的老王很是疑惑，每次问他在外面都干些什么，老王总是得意洋洋地回答，“我和一个资产过亿的朋友谈生意去了。”凭借着自己这一帮达官贵人，老王在亲戚朋友中间可是挣足了面子。

老王还有一个住院的母亲和一个上小学的儿子，单靠妻子一人的收入实在难以支撑一个家庭，但老王又害怕别人的闲言碎语，怕丢脸不愿意外出工作。用老王自己的话说，自己说什么也是一个小领导，怎么能去基层工作呢？实在丢不起那人。

碍于面子，不出去工作，怕别人的闲言碎语，老王的家中入不敷出，为此妻子时常和他大吵大闹。老王也是有苦说不出，他也不想这样，但就是不愿被人看扁，他一直活在别人的眼中。

面对自己的面子和拮据的家庭，老王宁愿忍受后者也不愿意放下架子去解决当前的困难。正是太过在意别人的眼光和看法，老王一直都在众人眼中扮演成功人士的形象，为了不失面子，他甚至每天都参加各种饭局而忽略老婆孩子。老王已经完全地迷失了自己，甚至丢失了人格尊严。

世界上没有两片相同的叶子，我们人也是这样，我们都是独一无二的个体，有着不同的性格和追求。我们独一无二，有着独特的闪光点，我们完全没有必要为了他人的喜好而约束和改变自己，保持自己的本色才是最明智的生活方式。

他人的看法和观点总能对我们的行动产生不小的影响，无论是赞赏还是鄙夷，我们都不能完全地接受，而是应该根据自身的实际情况加以吸收和摈弃。丢掉虚伪的面子和自尊心，别人再恶毒的言论也不能给人身造成实质上的伤害，之所以会造成伤害，完全是因为那颗太在乎面子的心。旁

人的眼光不过是惊鸿一瞥，转瞬即逝，做好自己才是最重要的，不要活在他人的眼中和口中。

【赢家策略】

经常有人说“人活脸树活皮”，我们活着就是为了给别人看的。这句话在今天看来实在是啼笑皆非，如果我们只活在别人的眼里、嘴里，那么我们就势必丧失了自我，我们个人的主见和独立性的人格在哪里呢？

经常在意别人的评价和看法，就在无形中给自己套上了枷锁。这就像照镜子一般，如果我们一直盯着镜子里的自己看，会找出无数不满意的地方，让我们局促不安。可是我们却不是为了镜子而活，我们是为了自己而活。

活给自己看这是人生的基本态度，不管别人抱着怎样的态度对你，我们都应该坦然处之。如果太过介意别人的看法，累到自身不说更让别人看低自己。太在意别人的眼光，显示的是自己内心的自卑和软弱，如果生活中我们出现了这样的状况，就应该及时调整。要知道，我们不可能获得每个人的赞美，活出最真实的自己才是最重要的。

4. 因人情说违心话，等于作茧自缚

“情绪”伴随人的一生，并且经常发生波动。人的情绪不稳定，有很多原因，其中人情世故就是最重要的一个诱因。人情贯穿我们生活的各个方面，无论是求人办事、请客吃饭，还是走亲戚串门都有着各种各样的人情世故。

人作为一种社会性的动物避免不了和他人接触，在接触的过程中“人情”也就应运而生。有时候，恰到好处的“人情”能帮助我们成就事情，但有时候“人情”又是一个让人难以承受的重大包袱，让我们想拒绝却又开不了口，因为人情说些违心的话，被人情牵着鼻子走。

人情利用得好，能助我们一臂之力，成就事业，还能借此结识不少知心的朋友伙伴。但是，有的人把人情看做是万能的方法，太过看重人情，对这些人来说，人情就成为了包袱。有时候明明是自己办不成的事情却又不好意思开口拒绝，碍于情面说些违心的话，结果事情没有办好，还遭人嫌弃，这就无异于作茧自缚，自找苦吃。

聪明的人懂得如何利用人情而不会被人情利用，不被人情所累，更不会说一些违心的话来欺骗他人劳累自己。在现实生活中，我们的社交关系

往往都是错综复杂的，我们的人脉网络像一个密不透风的网，如果我们太看重人情，那么就会困在这张网中不能自拔。

王丽是刚毕业的大学生，今年好不容易找到了一份工作，虽然说待遇没有十分优越，但是对于没有工作经验，初入社会的她已经算是很不错的了。第一个月发工资的时候，王丽十分开心，决定要好好地犒劳一下自己，所以她决定到附近的餐厅大吃一顿。就在这时，她接到了曾经大学好闺蜜的电话，原来，好朋友马上就要结婚了，而且婚期就定在下个月月初，她十分热情地邀请了王丽来参加婚礼。

由于曾经的情谊深厚，王丽没好意思拒绝，一口答应了下来。但是在挂完电话之后，王丽就开始犯难了，虽然自己已经开始工作，但是手头上的积蓄也只有一点点。拿多少礼金才合适呢？王丽犯了难，拿少了说不过去。结婚的可是自己的好闺蜜，当初自己在学校患了阑尾炎，住院做手术的时候她可没少帮忙，跑上跑下给自己缴费拿药，还帮自己炖鸡汤补身体。但是拿多了自己又没那个能力。

除此之外，闺蜜的婚期又不在周末，而公司的管理制度十分严格，自己作为刚入职的新人刚上班就请假肯定不行。而且自己是个责任感很强的人，公司的工作又十分繁忙，为了好朋友的婚礼，王丽还是硬着头皮去请了假。

婚礼之前，王丽特地向其他同学打听了他们给的礼金数目，令她吃惊的是，同学们一出手就是1666元，说是图个吉利。为了不让自己的礼金太过难看，王丽咬咬牙，忍痛把自己半个多月的工资装进了信封里。在喜庆的氛围中，婚礼很快落下了帷幕，王丽在人情上虽然赚足了面子，但是接下去的几周的生活可是苦不堪言。

拿出了一半多的工资，王丽剩下的钱真的是捉襟见肘了，除了交房租还有其他的开销，王丽不得不节衣缩食，最后实在是没办法只能向父母求助。王丽对人情看得很重，无论是同事过生日还是亲戚们的孩子过生日，她都把人情放在第一位，而且给对方送的礼都是自己承受范围内买的最好的。王丽开心了别人却苦了自己，她日渐消瘦，人也被人情包袱压得苦不堪言。

人情作为调节人际关系的方法本来是无可厚非的，但是一些人却时常被人情拖累，叫苦不迭。在现实生活中，人情是人们面子观的体现，人们为了人情，为了赚足面子，不惜一切代价。排场搞得大才能撑起自己的面子，为人情所花费的金钱和时间就都是值得的。但是很多人却没有量力而行，常常超出了自己的能力范围。许多人被人情绑架，尽管心中一万个不愿意，还是拿出了高额的礼金去参加宴席买个面子。

生活中时常有些人缺乏自制能力，缺少勇气，面对别人的邀请不管亲疏远近都一律答应，生怕得罪了别人。在人情世故中没有自己的一套规则，虽然送了不少人情，但也并没有因此收获些什么好处，反而受制于人情，被人情拖累，苦不堪言。

当人情变成负担，变成枷锁束缚我们的时候，我们就要勇于去打破它，逃出人情的牢笼。人生在世，本来就要承受各种各样的东西，有时候实在是压得我们喘不过气，这时不妨丢掉一些不重要的东西，轻装上阵才能走得更远。所以，不必要的人情就请大胆地丢掉吧，与其为了人情说些违心的话让自己不好受、吃苦头，还不如早日摆脱，省得日后心烦意乱。冲破人情的束缚，才能“破茧成蝶”，而不是“作茧自缚”。

【赢家策略】

适当的人情有助于关系的增进，在与人交往中人情作为一种添加剂能增色不少，但是过度的人情只会让自己满心期待的“美食”变了味道。面对别人的盛情邀请一定要加以分辨，对于一些不重要的宴会大可拒绝，但也要记住用一些恰当的理由搪塞过去，对方也不好说些什么。

做事记得量力而行，送礼金更是如此，别人有钱送得多，自己完全没有必要争这个第一。打肿脸充胖子的后果大家都明白，没必要为了让礼金好看而让自己每天吃咸菜馒头。人情的本意是好的，但有时候也要记得开口说“不”来拒绝，别被人情牵着鼻子走。

5. 打肿脸充胖子，吃亏的是自己

别人说你没钱，你不服气，于是花大价钱买一些不适用的奢侈品来四处显摆；明明只是一个工薪阶层的普通上班族，却非要把自己打扮成一副公司白领的模样，装成“白富美”、“高富帅”的样子，满足自己的虚荣心；别人嘲笑你没文化，你赶忙买一些从来不看的书摆在办公桌上显得自己有学问，挂上几幅名人的字画来附庸风雅……

相信，狐假虎威的故事大家都知道，也都明白其中的道理。但是假的永远都是假的，永远成不了真的，狐狸也永远无法拥有老虎的威严。做好本真的自己才是最重要的，与其东施效颦成为别人口中的笑柄，还不如放下虚荣的内心，做最真实的自己。

现在的人们往往分不清面子和尊严的区别，时常把二者混为一谈。实际上，面子是面子，与尊严毫不相干。尊严是指一个人被尊重的权利和心理需求，它是灵魂的重要组成部分，一个有尊严的人才能赢得大家的敬畏，反之则会遭到大家的唾弃。面子是什么呢？不过是一个人表面上的虚荣，可有可无。但往往有的人为了撑足自己的面子不惜抛弃尊严，让自己的虚荣心获得满足，自己觉得十分荣耀，但在别人眼里却悲哀得可怜。

朋友十分富足，而自己却穷困潦倒，这只能算是没有面子，绝对算不上是没有尊严。没有富足、奢华侈靡的生活不能算是没有尊严，任何一个自食其力的人都是有尊严的，他们能够不卑不亢地生活在世上，能够昂首挺胸地走路，光明磊落地做人，面子对他们来说算不上什么，与其活得虚假做作，不如活得坦荡自由。打肿脸充胖子，吃亏的是自己，受苦的也是自己。

王娜的表妹是个人见人爱的漂亮姑娘，她有着匀称的身材，姣好的面容，而且气质也让人羡慕不已，父母把她视为掌上明珠，她从小就爱好艺术，更是弹得一手好钢琴，拥有这么多优秀条件的她更是被期望能在艺术道路上创造辉煌的成绩。然而，这样一个被众人赋予重大期望的漂亮女孩子却因为坚持自己所谓的“尊严”而丧失了一个绝佳的机会，所以，她今天只能和别人一样做一个普普通通的白领，离心中的梦想越来越远。

这天，表妹来王娜的公司找她，当她踏入公司的大门时就吸引了众人的眼球。周围的同事看着这位难得一见的美女都暗自称赞，连连赞叹。在表妹走后，八卦的同事们都在讨论着她。“这么好的苗子怎么不去做演员？”这是众人都在疑惑的一个问题。“是她自己放弃了，唉。”王娜说道。紧接着，王娜讲述了表妹的故事。

当初表妹也是抱着一颗进入演艺圈的心，她凭借着自身的优秀条件获得了一个剧组的面试机会，经过层层筛选，表妹最终和另一位颇有背景的人脱颖而出。作为一个没有任何名气的新人，表妹的这次获胜难免遭人口舌。坊间的风言风语便铺天盖地而来，人们纷纷猜测她是不是和导演有什么不可告人的秘密才获得了这次演女主角的机会，一些报纸和媒体便开始含沙射影地报道此事，这让王娜的表妹十分气愤。

王娜的表妹是个自尊心很强的人，面对这样的流言蜚语是无论如何都不能忍受的。情况愈演愈烈，王娜的表妹觉得自己的面子大失，让自己在朋友面前抬不起头，十分丢脸。对于这种侵犯自己尊严的事情，她实在忍无可忍，为了能够挽回面子，保住自己的尊严，她做了一个十分艰难的决定，也是一个让她日后后悔万分的决定，那就是退出这次的竞争，把机会让给另一位女演员。

王娜的表妹主动放弃了这次机会，使自己和演艺圈再无瓜葛，错过了一个大红大紫的机会，只能变成今天一个普通的白领。生活就是如此，有时候机会摆在我们面前，我们不知道珍惜，直到失去了才后悔莫及，我们总是为了一些没有必要的事情而担忧，为了维护自己所谓的面子和尊严丧失了一些珍贵的机会。

其实，并不是所有的面子都和尊严有关系，既然自己行得正坐得端，就不要因为面子问题而害怕被诋毁。错把面子当成尊严是可悲的，不要和王娜的表妹一样，为了维护所谓的尊严，为了坚持自己所谓的原则，就轻易地让宝贵的机会在手中流失，错过了千载难逢的好机会。而机会一旦错过，就再难追寻，即使再懊悔不已也无法重来。

生活中，时常把面子和尊严搞混的人大有人在。做错了事情能够勇于承担责任，做到不推脱不逃避这才是尊严；在名利的诱惑面前，做到不为五斗米折腰，这才是尊严；当我们遭遇人生的挫折，做到不抱怨，马上站起来继续前行这才是尊严。而那些为了能让自己出名，被人高看，不惜用谎言来编织一个个美好的故事欺骗大众的绝对不是尊严，只是打肿脸充胖子的愚蠢做法而已。

在社会中我们难以让自己变的百分百完美无瑕，面对他人的诋毁、指责、轻视、讨厌是在所难免的事情。事实上，谁又没有过被人轻视和不尊重的经历呢？面对他人的不尊重我们能做的就是向他们展示自己的实力，用自己的勇气来捍卫自己的权力和尊严。

【赢家策略】

尊严对我们来说是必须坚守的珍宝，是我们最为珍贵的财富。但我们必须清楚，自己视为珍宝的尊严在别人眼里可能一文不值，他人会无情地践踏我们的尊严，诋毁我们的自尊，让我们颜面尽失。但是，我们应该冷静，千万不要为了挽回面子和尊严而和别人争得头破血流，因为在我们还没有十足的底气和基础的时候，这样做只能是徒劳无功，甚至还会贻笑大方，成为众人口中的笑柄。

俗话说，留得青山在不愁没柴烧。不吃眼前亏很可能会吃更大的亏，忍受一时没有面子的生活是为了保住自己的有用之躯，待到他日重振旗鼓，赢回曾经失去的一切。士可杀不可辱的精神固然值得赞叹，但是人的生命却只有一次，如果仅仅为了失去的面子就孤注一掷，不惜冒巨大的风险拿自己的前途做赌注未免太过冒险。所以，在现实生活中，千万不要为了面子逞强，打肿脸充胖子。

6. 没有金刚钻儿，就别揽瓷器活

在人际交往中最忌讳的就是不切实际地说大话吹牛皮，这样的人除了会吹牛基本上没有别的本事了，相比之下，人们更愿意和那些诚实的人打交道，所以只会纸上谈兵的人普遍不受欢迎。尽管很多人都明白这个道理，但在生活中很多人总是会有意无意地吹嘘自己的能力，夸下海口。俗话说，没有金刚钻就别揽瓷器活，当他人求你帮忙的时候，没有认识到自己的能力就轻易地答应，甚至还保证能完成，这样的人往往只能逞一时口舌之快，满口答应别人的请求但自己能力有限，最终无法完成只能失信于人。

人们之所以经常吹牛皮夸下海口往往都是为了自己的面子。面子是群体生活的产物，面对亲朋好友们，人们往往希望自己能够与众不同一些，希望自己优于常人。也正是因为这样，人们才有了凸显面子的想法和欲望。在面子和做人的基本信誉面前，人们往往会倾向于选择面子，又因为此而沾染上了说大话的毛病，以此来显示自己的神通广大。

“一言既出，驷马难追”，这是我们的祖先流传下来的一句名言，而诚实守信又是我们中华民族的优良传统。在与人交往中，我们说出去的话、做出的承诺就好比是泼出去的水，无论怎样都是不可收回的。因此，一旦

我们答应了别人就必须要尽全力完成，但如果事情的难度超出了我们的想象，就应该首先在许诺的时候加以考虑，慎重地做出抉择，否则如若食言会让自己丢掉信誉，影响自己正常的社交活动，使自己失信于人。

于连毕业参加工作已经有好几个年头了，每年都会参加班级组织的同学聚会，在聚会上每个人都会敞开心扉热情地交流彼此的生活。而事业有成，家庭美满的于连更是成为众人关注的焦点。于连早在大学期间就开始动手创业，而现今他是众多同学中间唯一一个自己开公司的人，经过几年的艰辛打拼，于连的身价早已过了千万。

于连的同学们大都不过是公司的职员，相比之下，于连的生活自然要富裕得多。早在几年前，于连就在当地的富人区买了一栋别墅，还买了一辆百万元的跑车。而为了让家里的妻子、孩子能够生活得更好，还专门请了保姆来照顾他们的生活。正是因为于连这种不一般的生活状况，众人纷纷开始让他传授一下致富的窍门。面对大家的抬举，于连在众人艳羡的目光中颇有些得意。于是他也没有推脱地就开始大谈特谈自己的发家之道以及投资技巧。

转眼间，聚会到了尾声，正当于连准备离开之际，曾经的好哥们大胖拦住了他的去路。“于连啊，我最近筹划了一个项目，相信我肯定稳赚不赔的，但就是缺少一笔投资，你说你现在过得这么风生水起的能不能帮我一把？就只用二十万元的投资，对你来说不过是九牛一毛，你说怎么样?”大胖满心期待地看着于连。

“就二十万元啊，凭咱们的交情没问题，就算不赚钱我也肯定会帮你的。”由于之前在聚会上于连被众人吹捧，当成是最富有的人，现如今自己早已站在了高高的台阶上，下也下不来，如果不同意无异于扇自己的巴掌。大胖听于连这么爽快地答应，脸上笑开了花，“实在是太好了，我马上就回去写投资计划书。”

一个星期以后，大胖带着他精心筹划的计划书找到了于连，并耐心地讲述了详细的计划方案，但是此时的于连却一脸不耐烦的表情。就在大胖还在侃侃而谈的时候，于连打断了他的讲话，面露难色地说自己当初在聚会上不过是随便说说而已，根本没有投资的打算，尽管现在公司运营正常还能有不小的收益，但是可流动的资金实在有限，而且二十万元也不是一笔小数目，要是真的拿出二十万元来进行投资，势必会对公司的运营产生不小的影响，都怪自己当时太要面子，才会主动答应投资的事情。

听了这话，大胖心里可谓是五味杂陈，虽然嘴上没说什么，但心里早已有了看法。既然你当初做不到又为什么那么吹嘘自己的能力，事到临头了才说自己不行，这实在是太过分了！在大胖心里，于连就只是会吹牛的人，只会开空头支票，许诺下永远无法兑现的誓言，根本就不是一个可以信赖的人，没有担当。从此两个人越来越疏远，再无联系。

一个人的能力再强也会有自己做不到的事情，为了面子轻易许下承诺只会让别人看低自己。刘墉曾经说过，不要在必输的时候逞英雄，也不必在无理的环境下讲道理。否则，你就永远没有讲道理的机会了。其实做人也正是如此，我们一直都在倡导诚实做人，诚信做事，一旦我们失信于人就难以获取对方的信任，两个人的关系也会就此疏远甚至破裂。所以，我们在答应别人办事前一定要三思而后行，无论如何都不能为了逞一时之能，贪图一时的脸面风光而开出空头支票，否则结果只能是伤了别人又害了自己。

在与他人的交往中，如果对方的难处在自己的解决能力范围之内，我

们能为对方雪中送炭就再好不过了，可以解对方的燃眉之急，又能成就一段良好的友谊，可谓双赢。但是如果对方的难处超出了我们的解决能力范围，我们一定要量力而行，切不可红唇白牙说大话。尤其是在许诺别人的时候，一定要记得把握好分寸，吹牛可能风光一时，后悔就要一世了。

有时候，并不是全力以赴就能完美地完成一件事情，因为客观因素的变化是我们无法改变的，有时候看似简单的事情真正做起来却是难上加难。所以，面对一些无法完成的任务时，一定要三思，切不可草率地许诺别人。现实生活中人们总是对这些浅显的道理置若罔闻，毫不在意，总是会逞一时之勇，却留下了万年的臭名。有些事情明知做不到但却为了面子、为了脸上有光大包大揽，最终事情没有办成，既丢了面子，又丢了朋友之间的情谊。

所以，既然做不到，何不坦白地跟对方承认，不要为了逞强而许诺。要是你一五一十地向对方说清楚，肯定能得到对方的理解，别人还会认为你是一个诚实守信的人。所以，先学会做一个言而有信的人吧，再去考虑追求面子，只有这样才能在社会上立足，打下自己的一片江山。

7. 立即放弃做“好人”的想法

生活中我们总是希望能面面俱到，做一个人人都称赞的“好人”，让大家都满意。但是为了做一个完美的“好人”我们失去了不少东西，因为有得必有失。有时候我们为了达到我们想要的目标，就必须要放弃自己做“好人”的想法，有失才有得。当机会来临的时候，我们应当立即抓住，而不能因为不好意思就拱手让给别人，成全了别人，自己空有一个“好人”的名声而其他的什么都得不到，一辈子都没有出人头地的那一天。

无论是在职场还是在商场中，失败者总是让人瞧不起。失败者之所以失败往往有其深层次的原因，要么是技不如人，要么就是自甘堕落。既然如此，为什么还要不好意思呢？社会资源毕竟是有限的，要想成为出类拔萃的人上人，就必须要占有更多的社会资源。而如果在竞争中太在意别人，太顾及自己的面子，不愿意和别人竞争，就势必失去大好的机会。

很多人说自己清心寡欲，不愿意和别人争夺。表面上看起来这种人高洁，不和世俗同流，但实际上这种人骨子里透露的是懦弱和自卑。他们觉得和别人竞争是一件没有脸面的事情，如果自己输了就会丢人，这和中国古代一直倡导的谦谦君子形象有很大的关系。但是，凡事都有特例，我们应该具体问题具体分析，对于一些有利于自己成长壮大的事情我们就应当紧紧抓住，绝不放手，更不能拱手让给他人。

在商场中，商机往往稍纵即逝，自己一个不留神很可能就会让别人抢去。在瞬息万变的商场中，我们如果不愿意放下“谦逊有礼”的好人形象，那么只能把机会留给别人，自己只能被社会淘汰，一辈子都处于社会的最底层。试想一下，在战场上两军正值拼杀之际，要是你突然有了做好人的想法，不愿意继续砍杀敌军，那么你只能成为对方刀下的亡魂。如此明白的道理在现实中依然有很多人执迷不悟，他们总觉得面子和成功都可以兼得，把事情想得很美，但殊不知面子与目标二者只能二选一，不丢掉做好人的面子，怎么能抢占先机，夺得胜利呢？

小李心怀大志，在商场中摸爬滚打几年之后，带着丰厚的资金准备自己创业。功夫不负有心人，在几年的拼搏之后终于让自己承包的公司走上了正轨。公司的营业额连年攀升，规模也渐渐壮大，从一个默默无闻的小企业发展成为当地无人不知的中型企业。随着营业额的不断攀升，公司的规模继续扩大，而这个时候对用人的需求更是巨大，很多人都向往来到小李的公司办事，一是有着丰厚的薪水，二来未来的发展空间也是相当广阔，一时间小李的公司成为了众人眼中的香饽饽。

生活不是一潭死水，往往会有波浪。某天小李准备下班回家时接到了一个电话。打电话的是小李曾经的上司，当年还是多亏了这位上司的提拔与看重小李才能有今天的成就，说起来这位上司还是小李的恩人。电话的内容很简单，无非是想要叙叙旧，唠唠家常。小李没有多想，爽快地答应了下来，毕竟对方曾经有恩于自己，还是自己创业路上的领路人。

小李和对方约好了时间地点，第二天便欣然赴约。当小李赶到约定好的咖啡馆时，他发现上司的旁边还坐着一个中年人，原本只想一味单纯地叙叙旧，没想到竟然还有外人参与了进来。见到小李来了，老上司没有拐弯抹角而是直截了当就说：“小李啊，这个是老陈。我也就不多说些什么废话了，前阵子你不是说你们公司还缺个人手吗？今天我把老陈带来了，他可是这方面的老手啊，经验十分丰富。我把这么优秀的人带给你，你可不要拒绝我啊，你们回头不妨好好聊聊。”面对老上司突如其来的这一招，小李是万万没有想到的。其实要是放在从前，小李肯定会立刻答应下来，但是现在公司的人员都已经齐全了，不再需要多余的人手。小李碍于上司的面子，自己不好拒绝，只能勉强地答应对方来公司面试。

从公司的整体运营角度考虑，小李的公司人员已经饱和，如果非要再添一个人进来既浪费公司的资源又限制了别人发展的空间，但是小李又碍于情面不敢和老上司说出实情，如果拒绝的话自己岂不是不仁不义，甚至会被人看成是知恩不报的小人。再三权衡之下，小李把这位中年人安排到公司的技术测试的岗位上。可是过了没几天，小李便发现自己老上司说的全是假话，那个中年人根本就不是什么经验丰富的优秀人才，而是一个十足的庸才，就连最明显的技术错误他也发现不了，而且没有时间观念，经常上班迟到，对整个公司的管理制度产生了很恶劣的影响，而且很多员工都开始议论纷纷。

小李此时心里早已起了波澜，他对那个中年人十分不满，但是辞退他又没法向老上司交代，毕竟已经办理了入职手续，刚入职没几天就辞退自己也不好做人。可是如果继续把他留在岗位上，不仅仅是白送一份薪水的问题，更重要的是对公司的长远发展十分不利。到底是为了好人的面子一忍再忍还是做一回坏人保证自己的利益呢？小李苦恼万分，让他茶饭不思。

转眼间一个月的时间过去了，这已经成为小李最头疼的一件事情，忍无可忍的他在中年人又一次犯错的时候爆发了，他对中年人大发雷霆并果断地解雇了他。小李此时才明白，与其到最后成为“恶人”，还不如一开始就学会说“不”，学会抛开做好人的想法。

在生活中和小李一样的人大有人在，他们宁愿自己吃亏也不愿意让别人承担后果，但殊不知有些事情不是一味地忍让就能解决好的。最初后退一步，日后便步步都要退，为了做个所谓的“好人”自己的利益受到巨大的损失，还得每天都要被困扰烦闷。与其如此，还不如早点抛开“好人”的面罩，做一个“恶人”，只有这样，我们才能避免吃力不讨好的赔本买卖。

【赢家策略】

我们需要警醒，别再抱着做“完美好人”的幻想。当然，放弃做好人的想法并不是说就一定要得罪别人，而是要不怕得罪人。以和为贵固然是好的，但是事事都一味地退让忍让只会让自己遍体鳞伤，而且吃力不讨好。

人人都愿意成为一个有脸有面的“好人”，但是世上没有十全十美的人，你成全了这个人，必然会得罪另一个人。所以不要为了“好人”的面子而一忍再忍、一退再退，只有抛开了这些，才能在竞争中毫无负担地勇敢拼杀，从而为自己赢得一席生存之地。

第四章

脾气成功学：

脾气没了，人就失了成功的精气神

“三寸气在千般用，一旦无常万事休”，人活在世上，主要就是靠那口气撑着。说得通俗一点，它就是俗称的脾气、心气。人人都有脾气，这是我们做任何事情所需的精气神。一个没脾气的人，恐怕心已经死了，那么这样的人活在世上也就没有任何意义了，并且也不可能有一番作为。脾气大，往往本事也大，因此做人不能没有脾气。

1. 脾气是成功者的血性

人和人之间的能力并不存在太大的差别，但是不同的人却取得不同的成就，这又是为什么呢？在那些成功的人身上，存在着什么样的特质呢？在人生的每一个阶段上，都如同战场一般，一个人上了战场便没了退路。剑拔在手，便无退路，战场之上，争的就是你死我活。

人活一世就要创造不一样的烟火，活着就要轰轰烈烈，在拼搏中成长，在竞争中求赢。翻看历史，秦始皇灭掉六国完成统一大业；愚公移山惊天动地；越王勾践卧薪尝胆恢复霸业；李世民玄武门之变夺得帝位……纵观这一切都可以归纳出伟人们一个共同的特质，那就是“狠”，而狠作为一种脾气，更是成功者们的血性所在。

比尔·盖茨从最初一个单纯的电脑爱好者逐渐地成长为“IT巨枭”，转身一变成为了地地道道的霸者。在比尔·盖茨的身上，我们能很明显地看到一股霸气流露出来，他咄咄逼人的气势让人看到一个领导者的脾气和血性。

比尔·盖茨作为一个公司的领导者，在和他人谈论问题时总是拿出一副辩论的架势来，体现出一个公司的气势。在和他人的对话中，他从不容许别人打断或插嘴，遇到意见不同的时候他往往会大发脾气，在和对方的

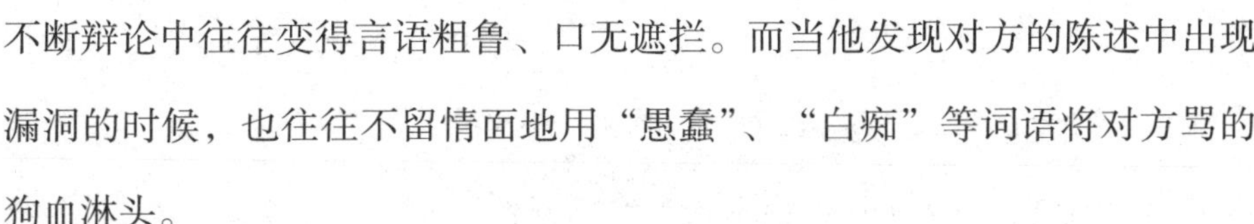

不断辩论中往往变得言语粗鲁、口无遮拦。而当他发现对方的陈述中出现漏洞的时候，也往往不留情面地用“愚蠢”、“白痴”等词语将对方骂的狗血淋头。

盖茨一直保持着一种高高在上的样子，喜欢以自己的想法来指使别人。在微软公司工作，员工们每次和盖茨谈话都感到局促不安。在他驾车的时候总是习惯性地看着你，让你浑身不自在，强烈地感受到盖茨的脾气和血性。除了在公司内部保持众人之上的姿态外，盖茨在激烈的市场竞争中也盛气凌人。一位微软公司的人员说过，每当盖茨决定向某位对手发起进攻的时候，往往使出浑身解数，目的就是为了压制对方，让对方知难而退。

微软的发展最初依靠的是DOS系统，这一业务也给微软带来了极为可观的利润。但是，盖茨没有在这个领域停滞不前，而是大胆地发展新项目，他瞄准了视窗的发展前景，毅然砍掉了DOS，转而发展Windows系列产品。在之后网络的迅速普及下，微软的桌面系统受到了前所未有的冲击，这冲击直接影响到了微软核心产品的经营模式。在严峻的挑战下，盖茨审时度势，紧盯互联网的发展，在适当的时机主动出手，下达了向因特网进军的命令。

盖茨本人毫不避讳地说，如果当初不主动出击而坐以待毙，那么微软早就被人消灭，就不会有今天的微软公司。有了先见之明后，盖茨加紧步伐，始终没有停止产品更新换代的速度，通过自我淘汰的竞争策略，盖茨毫不心软地摒弃了原有的战略计划。正是依靠盖茨的战术才一次次地击退敌人，成为今时今日的互联网霸主。

比尔·盖茨的成功绝非偶然，而是有着深厚的基础，这与他的个人智慧密不可分。在比尔·盖茨的一手打理下，那个名不见经传的小公司如今早已成为举世瞩目的微软帝国，而他本人更是多次成为世界首富，拥有全球最多的财富。比尔·盖茨的成就令世界瞩目，他骨子里透露出的那股狠劲成就了今天的微软也成就了自己。

这个世界上无论在何种领域都始终遵循着“优胜劣汰、适者生存”的法则。在大自然里，弱肉强食，只有善于拼搏打斗的动物才能幸存；而在人类世界里，这一法则体现得更为残酷，不狠不行，一个人要想有所作为就必须具备一股狠劲。用自己的智慧和力量打下一片江山，获取属于自己的江湖地位。

人生的道路上总是布满荆棘，命运多舛的人生才能创造更为珍贵的财富。弱者面对困境往往一蹶不振，就像是遇到了凶猛的野兽，畏缩不前。强者面对挫折，往往胸怀霸气，蔑视一切的逆境和艰难，大吼一声便能用自己的力量征服一切，任何困难都能迎刃而解。

人活着绝对不能虚度年华，即使不追求轰轰烈烈，但也不能甘于平庸。生活需要理想，为了理想的生活，就要活出属于自己的一片天空。今天，人们身上那股狠劲尤为重要。这种狠劲是一种血性，依靠它不管是在高手云集的赛场中，还是在风云变幻的商战中，都能扬起风帆、大显身手。没有了这股狠劲，就只能成为摇尾乞怜的可怜虫，唯唯诺诺，不仅错过了许多可以尝试的机会，更会使自己的整个人生陷入黑暗的深渊，难以摆脱。

很多时候，我们没有收获，工作做不好，事业不成功，总结原因往往是因为我们态度不端正，对自己放任，不能严于律己。如果我们对自己狠一点，那么我们便能客观、真实地面对自己的处境和现状，清晰地了解自己的优缺点，掌握自己未来的发展方向。

对自己狠一点，逼迫自己拒绝诱惑，做到不动摇、不动心，坚决放弃某种阻碍自己成功的蝇头小利。对自己狠一点便能树立起积极、正面的形象，为日后的发展积蓄巨大的力量。

【赢家策略】

在生活中，我们更是要对自己狠一点，绝不轻易地放纵自己，这意味着我们要有一种坚强的意志，意味着为了完成自己奋斗的事业而百折不挠的决心。对自己狠一点是一种骨气，这就无形当中要求我们要活得有尊严。面对权势能做到不攀附，面对荣华富贵能做到不动心，不欺上瞒下，不见风使舵，不过河拆桥，不为五斗米折腰。

活着，就要像莲花般出淤泥而不染，濯清涟而不妖。做人狠一点，并非是为了达到目的而不择手段，这是错误的理解。之所以要狠，是因为有明确的目标，还有足够的智慧，一种“运筹帷幄之中，决胜千里之外”的智谋。

2. 没本事，就不要吹嘘自己脾气好

人活着要有一口气，“三寸气在千般用，一旦无常万事休”，在社会中生存就是为了一口气，主动争取自己应得的东西。很多人没有本事，总是喜欢找其他的借口来掩饰自己，比如说自己脾气好，心胸大。但是，一个人吹嘘自己脾气好又有什么用呢？面对激烈的竞争不敢争取，毫无勇气，连争夺的力量都不具备，那么这一辈子就白活了。

很多时候，成功与否取决于我们的一念之间，拥有什么样的意识就能拥有什么样的人生。我们的想法和观念深刻地影响着我们人生的道路，下一步往哪里走，下一步做些什么都受之影响。如果一个人天生就从来没想过要从政当官，那么他就不会为自己规划出当政治家的道路，更不会按照成为政治家的要求去约束自己、训练自己。因此要想成就事业，首先要有目标，这样才能成为有本事的人。

诗仙李白曾经说过“天生我材必有用，千金散尽还复来”。杜甫也有豪言壮语“会当凌绝顶，一览众山小”。晚清名臣胡林翼说：“人活一世，不该随俗浮沉。生无益于当时，死无闻于后世，哀莫大焉！”人有了明确的目标、强烈的自信，胸中就会充满一种强大的力量，驱动着他战胜困

难、夺取胜利。

郭台铭在1974年创办鸿海集团，最初的时候，鸿海只能替别的厂商做塑料零件代工，一切都听命于别人。如果对方卖的电视机或收音机出现问题影响销售，自己的零件也会受到牵连，鸿海的发展空间大大地受限制。鸿海低迷的经济效益给郭台铭很大的压力，他迫切地想要寻找解决之道。

一般的企业都强调和谐、安定的组织环境，而郭台铭领导的鸿海集团却颠覆了这一理念，他说倡导的是敢拼、敢赢的企业文化。在一次年终聚会上，郭台铭对大家说："争权夺利是好汉，开疆拓土真英雄。"听到这句话，许多人吓了一跳。郭台铭解释说："鸿海是有个大舞台，只要你有本事，就可以爬到更高的位置，带领大家冲锋陷阵。我不会因为你们拿的钱多、得到的职位太高而吝啬，前提是，你要有真本事，确实是非同一般。"

台湾的广达集团董事长林百里、华硕集团董事长施崇棠都是电机系工程师出身，名校毕业，成为郭台铭有力的竞争者。郭台铭没有这种优势，但是他不怕干部比自己强，他激发起人才的士气，为鸿海打造了一支人才济济、团结协作的团队。

逆境造就人才，面对如此严峻的情形，郭台铭强调创新思维，用新科技、新生态来改造现有的企业形态。对公司的每一笔投资都先进行严格仔细的模拟计算，凭借自身的竞争优势克服了严酷的外部环境，并取得了成功。郭台铭说过，要想成功必须要有付出，轻而易举的成功是不可靠的。

激励员工争权夺利，这种底气来自于郭台铭对团队热忱的期望。他很清楚，一个团队必须充满朝气，有积极向上的决心，每个人都像嗷嗷直叫的狼，才有战斗力。有了这样的团队，鸿海才能在国际市场竞争中取胜。不过，让大家"争权夺利"是有前提的，郭台铭的要求是，你必须有责任心、上进心和企图心，还要有相当的前瞻决策能力、运筹管理能力、创新变革能力，以及拥有承担责任的能力。

士气作为整个团队的意志和精神能够有效地调动士兵们的积极性，拿破仑曾经说过，“军队的战斗力的四分之三是由士气组成的”。带队伍就是带士气。没有士气的队伍就像一盘散沙，对方可以不费吹灰之力就能将你铲除。有了士气，大家才有积极性，才能看到胜利的曙光，大家也都愿意参与进来，做得开心，干得有劲头。

有了士气才有可能会赢，没有士气必将失败，这一点很多人都烂熟于心。对于那些经历过大风大浪的人来说，做事情没有士气一定不会有所成就。对任何一个人来说，无论你身居领导岗位，还是一个团队中的普通成员，具备一股士气，让自己充满远大志向，在任何时候都是首要的问题。

人活一世，要做的事情很多，其中第一件事情就是要立志。立志就是给自己确定一个目标，一个方向，使精神振奋起来，激发自己不断进取向上。胸怀大志者大多有一身傲骨，满腔热血，心中装有豪情霸气，不怕困难，敢为天下先。最终，他们能从人群中脱颖而出，创造出令人瞩目的成就。

没有志向的人是怎么样的呢？他们的生活犹如一团死水，沉闷而激不起一点涟漪。他们犹如船失去了舵，马失去了嚼子，只能漫无目的、没有方向地漂泊奔走，无法给自己的人生定位，当然也无法创造出一点点令人羡慕的成绩。而有志向的人就是另外一种景象，生活有方向，霸气充满胸膛，做事情充满激情，得心应手，只有这样才能更好地实现愿望，成就卓越。

有本事的人心中都有一个既定的目标，没本事的人生活空虚混乱。有本事的人，无论是什么样的领导都喜欢你，在各种场合都不能缺少你的存在，而没本事的人只能是处处巴结奉承领导，来换取卑微的好处。

空有好脾气没有任何的作用，一个没有本事的人、没有志向的人不会因为有好脾气而让人看得起。相反，那些脾气好而又没本事的人，往往显得十分窝囊和没用，人们往往更加厌恶他们，见到他们退避三舍毫不夸张。

做人就要像狼一样，绝不轻易地放过眼前的每一个猎物。因为心中有欲望的支配，所以可以向任何猎物出手而不会有任何的犹豫。人也一样，必须有各种各样的欲望，尤其是成大事的欲望，才可以在现实的世界里上演精彩的人生。山一般的壮志，火一般的雄心，勇往直前和永不退却的精神，这些都是成大事的人能走向成功的最基本的保证。

3. 脾气大的人，往往本事也大

试想一下，那些有着牛脾气的人往往都有着非凡的成就，本事很大，这都要归功于他们殷实的家底和丰富的人生阅历。有本事的人才有底气发脾气，而没本事的人有什么资本来对他人颐指气使呢?

人的一生风云变幻，充满了激荡与挑战，每一个人都会经历各种各样的挫折与坎坷。而脾气是一个人与生俱来的，它支撑着我们闯过荆棘，走出难关，笑看人生。没有脾气的人，就像行尸走肉一般，空有一副皮囊，经不起风雨的洗礼。一点小小的磕绊都会使他低头，无法再继续振作。在如今这个竞争激烈的年代里，没有脾气的人会被人看不起，难以生存。

说起脾气火爆，甲骨文前 CEO 埃里森便不得不提。在硅谷中一直流传着这样一个笑话：上帝和拉里·埃里森之间有什么区别? 答案让人忍俊不禁——上帝不认为自己是拉里·埃里森。拉里·埃里森的财产可以和比尔·盖茨媲美，而这却远不是他出名的原因，他的妄自尊大让他赢得了不小的名声。拉里·埃里森在出生后便被母亲遗弃，全靠他的姨妈把他抚养成人。而拉里·埃里森童年的经历让他形成了骄傲、蛮横以及火爆的脾气。

他和甲骨文前中国区总经理冯星君的故事一直被人们津津乐道。埃里森每次到北京出差，冯星君都会承受住不一般的侮辱。一次埃里森到长城拍摄一个电视片，事前便吩咐了冯星君召集 20 多个小学生来充当演员拍摄。当时约定好的时间是 8 点，而那天早上等到 9 点了，埃里森却依然没有出现。时值寒冬，室外的温度已经是零下 20 多度了，小学生们冻得瑟瑟发抖，而冯星君本人也是冻得眼泪直流。在冯星君的不断催促下，埃里森才勉强答应从被窝中起来，赶往拍摄地点。

据甲骨文的内部人士说，埃里森有个臭脾气，喜欢迟到，喜欢别人等他。等他的人越多，他越是不出现。离开北京后，埃里森前往台湾，两天后台湾媒体爆料说，在会场中有 2000 多人等候埃里森，但是他就是迟迟不露面，架子极大。而那个时候，埃里森正在看美国的橄榄球比赛。公司的员工去求他出面还被他臭骂了一顿，赶了出来。埃里森脾气虽然火爆，但是我们不得不承认正是他火爆的脾气，带给了全公司关于危机意识、冒险精神、不断进取的正能量，让他们能够不断地提升自己，造就今日的甲骨文公司。

为什么这些企业的大老板都有如此火爆的脾气？就如开头所说的一样，因为他们太过聪明，本事太大，所以难免脾气大、性子傲。恃才傲物，说的就是这个道理。这些企业的总裁们习惯了和别人意见相左时做决定，而事实证明，他们所做的决定极少出现过差错。他们习惯了承受压力，孤身一人在艰险中奋力拼搏，一次次的成功证明了他们的优越，所以他们对别人的错误难以容忍，表现的很没有耐性。才华和能力造就了他们的非凡事业，也造就了他们的自信，甚至有点儿傲慢。

其实，相比较秦始皇这样的暴君而言，他们只是更坦率、直言罢了，须知道他们身边的人物也都非等闲之辈。围绕在他们身边的高级主管们，都是企业的精英，人中龙凤，而非唯唯诺诺的小人，他们绝不会轻易放弃自己的主张见解。如果不是领导的观点正确，他们怎么可能放弃自己的专业意见。

我们都知道，领导们因为事业有成往往都有火爆的脾气，那么在与他们相处中应该注意些什么呢？首先，在倾听上司讲话时，我们要排除一切杂念，专心聆听，眼睛注视着领导，不能左顾右盼，茫然不知所措，必要时应该动动笔，记录下领导讲的东西。在领导发言完毕时，我们应该思考片刻，可以问几个问题，真正弄明白领导的确切意思。

其次，有所选择地、直截了当地向上司报告问题，提一些有建设性的问题，而不是愚蠢得让领导发火的问题。上交一份详细的报告，让领导在最短的时间内，明白你所要表达的东西。讲一点战术，不要直接否定领导的决策，维护领导的形象，让领导在众人面前颜面尽失你就没有好果子吃了。在开会之前向领导汇报情况，使他掌握自己工作领域的动态和现状。发现与领导意见不同的时候，可以采取提问的方式，表示你的异议。如果你的观点正好是领导所不知道的，那么效果就会更佳。

解决好自己的分内工作，而不是处处都要让领导亲力亲为。那些有见识的员工从来不使用“困难”、“危机”等词语，他们会化险为夷，把“困难”当成挑战，及时制定出合适的计划来迎接挑战，在上司面前展现自己的工作能力和处世方法。

一个人事业有成，离不开运气，除了运气，最主要还要有脾气。当然，有脾气的人要承受更多的磨难、更大的考验，而这恰恰是成就伟业必经的阶段。天将降大任，必然要把机会留给有脾气的人。

脾气能改变人的命运，同样也能造就人的一生。那些有脾气的人即使在平淡的生活中也能创造出不凡的成就，相反，那些表面上风光无限的人骨子里却缺少气节，始终无法赢得他人的信赖和重视。

4. 不因迁就他人而失去了自我

与人为善，是交往的重要原则之一，也是建立良好关系的基础。但是，一个人不能过于迁就他人，乃至失去了自我，否则害人害已。

比如，有些企业的主管们对待员工往往很客气，事事迁就员工，以极低的标准要求他们，怕严管会伤了和气，因此总是睁一只眼闭一只眼。而处处的迁就却导致忽视了自己的本职工作，本应该监督管理的地方却放任过去，造成了失误，也失去了自我。员工进入企业，部门主管就应当主动承担起应尽的责任，而不是像父母宠爱孩子一样处处迁就、原谅。在一些

基本的问题上出现错误的时候，就应该拿出管理者的姿态批评、惩罚。

在爱情当中也是如此，男人在热恋时总是全心全意地为女友服务，但当感情逐渐稳定下来时，两个人之间的激情总是会些许地变淡。一个人的耐心是有限度的，耐心消磨完了，就会消磨爱情。而爱情消磨完了之后，两个人之间也走到了尽头。所以，不要处处逼迫对方做一些不愿意的事情。刚开始，对方可能会迁就你，但久而久之就丧失了动力，换来的只是自己的空悲喜。

张明有一个非常优秀的女友，他们在同一个公司上班。刚开始接触的时候，张明觉得女友工作认真负责，待人接物非常随和。在欣赏对方优秀的品质的时候，他也学到了不少做人做事的道理。不久之后，张明开始发起了追求攻势，渐渐地两个人从同事变成了情侣，谈起了恋爱。

张明来自农村，从小吃了不少苦，虽然如今事业有成但是改不了骨子里的自卑感。而他的女友则是上海本地人，从小没吃过什么苦头，一直是父母手中的掌上明珠，从来没做过家务活，可谓是十指不沾阳春水。张明刚开始对此没有什么想法，觉得是人之常情。某次张明和女友请朋友一起吃饭，等了好久女友还没有出现，张明开始不停地打电话给女友。在不断的催促下，女友却在电话那头开始发火："知道了，不要老是打行不行，我马上就到了，烦不烦。"因为电话音量比较大，周围的人都听到了，大家颇有微词，"她不是你女朋友吗？怎么这么凶。"张明的想法却不是这样，他为女友辩护说，可能是她本来就迟到了心急，我再催就更急了，所以才会这么大声。

女友赶到后，就开始入席吃饭了。席间，张明一直不停地给女友夹菜，然后还悄悄地问她要吃些什么。也不知道是被问烦了还是不想吃，女友又开始大吼道：“你吃你的啦，不要给我夹菜，脏不脏。”当时张明愣了，但转念一想觉得女友可能是因为工作压力大，心情不好才发火的。这样一想，张明又迁就了女友。而朋友们却不这样想，有朋友后来私下对张明说，“不要处处迁就对方，把她宠坏了受委屈的是你自己。”张明却笑笑说不会这样。

张明处处迁就女友，以为这样能增加双方之间的感情，但是却万万没想到，某天在回家的路上，他看到自己的女友竟然搂着别的男人。那个时候，一切都不攻自破，自己苦心经营的感情一下子全部破灭了。在这段感情中，张明因为处处迁就逐渐地失去了自我，而女友的背叛更是让他大受打击，从此一蹶不振。

张明对女友的处处迁就正是因为他的不自信，著名心理学家奥威尔说：“怯懦来源于深深的不自信。”在张明与女友的相处中，因为害怕不顺着对方她会生气，因为怕她生气而失去她，所以就事无巨细地处处迁就，但是一片真心却没有换回真爱。失去自己才是最大的悲哀，没了自我的人又怎能拥有爱情?

在生活中，无论是面对工作问题还是感情问题，都要有自己的主张和见解。在社会生活中，由于分工和能力的不同，就必然有领导者与被领导者之分。但是不管干什么，都应该有自己的主张和原则，保持住自己的立场不放，不能没有一点主见，没有自我的人无法成事。工作办事没有自己的方法，只听命于他人，别人怎么说就怎么做，人云亦云。自己从来不动脑筋，按照别人指的路走，有时候错了也没发现，走了弯路还浪费了时间。

迁就别人有时看起来是和善之举，但实际却并非如此，在别人的眼

中这都是懦弱的表现。软弱到一定的程度，就会失去自信力，而没有自信力的人只能匍匐在别人的脚下办事，一生都难以有所成就。办事没有原则就只能迁就他人，这样的人极易被外界所诱惑。有时，迁就的深层次原因是因为性格上的自卑，觉得自己处处不如对方，看别人脸色行事，觉得对方一定是对的，自己一定是错的。其实，这样大可不必，由于自卑和怯懦使我们对那些高傲的人仰慕不已。然而，一旦我们恢复了生命的自信，勇敢地面对问题，面对困难，我们就会发现自己和伟人之间并无太大的差别。

有了原则的人，懂得分寸，知道在什么时候迁就、在什么时候拒绝。有原则的人也往往有自信，敢于面对问题、面对困难。当你把握自己的原则，拒绝他人也就会变得理直气壮了。不随意迁就他人，自己的公信力也大大增强，让人刮目相看。

【赢家策略】

做事没有原则，没有自己的立场会让自己逐渐失去自我，最终成为行尸走肉。人类从原始社会到今天的现代社会，正是在不断地继承和创新中创立出自己独有的规则的。

为人处世要有原则绝不是一句空话，在日常生活中时刻恪守自己的做人底线，能容忍对方的就容忍，触碰到自己底线的绝对不能迁就。失去原则的人犹如浮萍一般随波逐流，一味地迁就他人，为了迎合对方的观点和想法而背弃了自己做人的基本原则，长此以往，非但不能赢得他人的信任和赏识，还会丧失自我，只剩一副空皮囊。

5. 成功离不开一股闯劲

人的一生离不开一股闯劲，没有勇气去闯荡的人只能屈居一隅，孤独终老。人的一生要面对无数的挑战，而这些挑战往往充满了冒险性和挑战性，在闯荡中只有那些胆大心细、执行到位的人才有可能获胜。鲤鱼跃龙门，正是有着一股闯劲才能变身为龙。在霸业的成就中，如果一直都保持着畏首畏尾的状态，瞻前顾后，不敢闯、不愿意闯，那么必将一事无成。

美国有一句谚语：“勇敢里面有天才、勇气和魔法。”胆大的人兼具智慧和勇气，他们敢于行动，敢于在陷阱遍地的道路上闯天下，正是因此他们才能发现比别人更多的机会，并在行动中完成人生的跳跃。现如今，想要成就一番大事业，就必须要敢闯，有着一股狠劲，放下当前的成就、地位、财富，朝着更高的山峰攀登。

丁磊在大学毕业后，回到老家在当地的电信局工作。刚开始工作的那段时间，他很是清闲，有着稳定的工作，生活过的也是自由自在，单位的福利、待遇也都很好。这种闲适的生活是很多人都一直向往的，丁磊的父母、朋友也都很满意和羡慕。但是内心激荡的丁磊却没有就这样满足，他不安于现状，想要自己创业，到外面的世界闯荡一番，成就属于自己的事业。

说干就干，想到就去做，基于这样的想法，丁磊没有多想便毅然辞职了。听闻这一消息，家人纷纷表示强烈的反对，一方面认为如今的工作条件已经很优厚，别人羡慕都羡慕不来；另一方面到外面闯荡风险巨大，很可能赔得倾家荡产。不过丁磊去意已决，他认准了自己的选择，就不再回头。

回首在电信局工作的两年，丁磊最大的收获便是弄明白了什么是 Internet，而且熟练地掌握了 TCP / IP 技术的基础。在那个年代里，网络技术才刚刚发展，但是丁磊却已经预见到了互联网技术的巨大市场。在 1995 年，浙江还没有一家像样的 IT 企业，市场环境还十分保守。而丁磊把“在电信局构建互联网”的想法向领导提议，结果未得到采纳，由此他下定决心辞职，并南下寻找机会创业。

那个时代里，下海创业成为一种潮流，但像丁磊这样一无背景二无权势的人却是很少的。他首先就完全摆脱了和单位的关系，而那个时候大部分人都是停薪留职去下海创业。为了实现互联网的梦想，丁磊毫不留恋地舍弃了这一切，在那个思想还未开放、人人都很保守的时代，丁磊的所作所为实在不容易。而在十几年后的今天，我们再来回顾当初丁磊所走过的路，不禁大为感慨，一些不经意的选择却是他日后成就事业的一个个重要选择，而他所迈出的一小步却成就了中国 IT 行业的一大步。

试想一下，当初要是丁磊安于现状继续留在电信局里工作，那么我们今天也就不会知晓丁磊这个人，他或许能在电信行业内成为一名业务骨干、高级工程师；但是无论如何，他都无法与今天的 IT 英雄挂钩，也就不会有与新浪、搜狐三足鼎立的网易。那个年代，因特网刚刚进入中国，有许多和丁磊一样的青年，他们身怀抱负，有着远大的志向，但是却只有极少数像丁磊这样的人成就了属于自己的事业。如果不是他当初胆子大，敢出去闯，这一切都不会发生。

纵观那些成功的人士，无不胸怀大略，有着一股难以消退的闯劲。就是这一点，成为了强者和弱者的分水岭，也是赢家与输家的分界线。大凡成功者，无不胆识超人，并且能够付诸行动，对潜在风险无所畏惧的人，终究会在冒险中赢得更多。

为人处世需要小心谨慎，除此之外还需要有胆识和谋略。缺乏闯劲的人容易被打倒，而且会陷入一个怪圈，越弱越怕，越怕越弱。有的人不到最后关头都不敢迈出前进的那一小步，非要到最后被逼无奈之际才敢前行，而这个时候早已失去了先机被别人抢先了一步。如果我们都像这样，醒悟得太晚，就会失去一个又一个机会，我们的能力也在观望当中逐渐萎缩。

美国之所以能成为超级大国，在世界称霸，就是因为美国人充满了冒险精神，敢于大胆地尝试，这也是他们能称霸全球一个世纪的原因。“不入虎穴，焉得虎子。”不去勇敢地尝试，又怎么能得到自己想要的东西呢？只有胆子大，敢于冒险，才使得美国人走在了世界的前列，让一些小国不断地攀附于它，美国也因此获得了超额的回报。

勇闯天涯，必须具备超群的胆略，只有这样才有一飞冲天的可能。那些成功人士，可能只有初中、甚至小学的学历，但是他们却凭借着敢拼、敢干，依靠心中的一股狠劲、闯劲来创造了新的局面，超越了同龄人，改变了周围人的看法，让自己成为时代的赢家。

怎么想就怎么去做，想到就去做，不然连难度都不知道。不去闯，不

去拼，又怎么能收获应有的奖赏？大凡成功人士都有某种程度上的赌性，这种赌性正是依靠心中的闯劲。一个人如果缺少一股闯劲，只会离成功越来越远，最终只能变成酒囊饭袋。

很多人都有一颗想发财的心，总是羡慕别人收获的财富，但是自己一行动又开始犹豫不决，总是找各种借口来推脱，或者进行自我安慰，放弃了大好的机会。而成功的人却总能鼓励自己，"没有什么是办不到的，一切皆有可能，不管怎么样都要先试一下。"也正是因为这样，他们才能走上人生的巅峰，收获无尽的财富与荣耀。

【赢家策略】

要想知道梨子的味道，就要亲口尝一尝。做事情只知道到处观望，自己不去尝试，空口说白话永远难以成就大事业。光说不练假把式，不行动就永远不会有结果。失败的人之所以让人觉得可悲，因为他们只懂得逞口舌之快，却不去行动，没有闯劲，没有梦想，不敢去把梦想变成现实。

天上不会掉馅饼，守株待兔的事情不会发生第二次，要想走在别人的前面就要先行一步，抓住难得的机会，牢牢地把握住每一次的选择。有些人想到什么就去做什么，既满足了自己的好奇心，又能得到自己想要的东西。而有的人只敢想，甚至有时候连想都不敢想，事情还没做就开始设想接下来产生的不好后果。这便是弱者的表现，他们缺乏敢作敢当的魄力，充满着自卑和懦弱。

所以，当你感到机会来临的时候，马上伸出手去抓住它，不要迟疑，不要犹豫，带着一股闯劲去勇闯天涯，大胆地尝试一番，即使失败也不要灰心丧气，就当做是为下一次的前进打基础。由此一来，你的人生定将焕然一新。

6. 任何时候都不能失去了冒险精神

赌桌上的人要想赢得大钱不得不多下赌注，在竞争激烈的生活中也是如此，如果我们不敢冒险去试一把，我们就难以获得回报。舍不得孩子套不住狼，在现如今激烈的环境中，凡事都要敢去冒险一把，都要勇敢地去面对。必要的时候，哪怕是孤注一掷也是必须的，因为不敢冒风险，就不可能有较大的收益。

很多功成名就的人都喜欢在高风险中寻找机遇，在成与败、输与赢中收获力量和智慧，并享受其中的乐趣。有时候，要想改写自己平凡的命运就必须要赌一赌，尤其是当机会来到你面前的时候。很多人不敢去冒险，往往是害怕失败，盯着可能会发生的一点点风险而踯躅不前。所以，想成功就要首先克服这个弱点，不断地锻炼自己，让自己能够下狠心、出狠手，勇敢地冒风险，去赌出自己的未来和大好的前程。

赌性是一种天性，是血性的一种表现，每个人身上都存在着赌性，只是表现的程度不同罢了。古往今来，那些成就功业的人都是赌性较强的

人，他们敢去赌，自然也就敢于承担赌后带来的后果。有的赌输了倾家荡产，甚至丢了性命，有的赌赢了家财万贯，享受不尽的荣华富贵。陈胜吴广举兵起义，输了无非是送了性命；李世民玄武门之变，也是赌，却赢得了贞观之治。

曾经有本杂志做过调查，在研究中发现，那些成功人士都有某种程度上的冒险精神，特别是在商场中打拼的人。史玉柱的赌性众人皆知，当他在深圳开发 M—6401 桌面排版印刷系统时，系统研究完成之后准备做广告宣传。此时史玉柱把大部分的资金都投入到了印刷系统中，身上只有 4000 多元钱，但是他却破天荒地在《计算机世界》定下了 8400 元的广告版面。史玉柱的这一举动让大家颇为吃惊，众人都来阻拦他，纷纷劝诫他要是广告的效应不好，他就得流落街头了。但史玉柱没有理睬众人的劝告，狠下心地做了这个赌注。

他跟杂志社商量，先刊广告后付钱，给他 15 天的时间。广告刊登出来，前 12 天史玉柱分文未进，自己的机器一台都没有卖出去。但是第 13 天，史玉柱收到了 3 笔汇款，总金额达到 15000 多元，两个月后史玉柱总共赚到了将近 10 万元。拿着这笔资金，史玉柱没有犹豫，又全部投入做了广告。不到 4 个月的时间，史玉柱就成为了百万富翁。

20 世纪 80 年代初，有一个小伙子在北京街头看到啤酒供应十分紧张，许多人拎着塑料桶排长队买散装啤酒。见此情景，他灵机一动，立刻意识到这是一次难得的商机，于是以最快的速度开办了一家啤酒厂。如此一来，这家酒厂的啤酒不仅满足了北京消费者的需要，还凭借上乘的质量，被定为国宴用酒。这家酒厂，就是著名的燕京啤酒厂。而当年的小伙子，就是后来成为北京城乡贸易中心股份有限公司董事长的王少更。

谈到创业成功的经验时，王少更说："要想取得成功，必须学会随机应变。当初，如果我看到街头排长队的人群却无动于衷，那么我绝对不会发现商机，当然也不会有今天的成就。我赌了一把，所以最后成功了。"一个人要想取得事业上的成功，必须要有霸气。有霸气，才有敢拼敢闯的精神，才敢于冒险，因此也能更多地抓住成功的机会。

人人都有机会成功，在关键的时刻不妨赌一赌说不定就会有翻身打胜仗的机会。缺少冒险精神的人不会受到命运的青睐，只会在前进的浪潮中被狠狠地拍打在岸上，再没有翻身的可能。当然，很多时候去赌一把绝非看天意，决不能鲁莽行动。冲动地去赌，就像赌场中输红了眼的赌徒一般，为了能够翻身，为了钱财连身家性命都抛之脑后，这样的赌法是不可取的。

在做决定之前一定要沉着冷静地分析行情，在权衡利弊的基础上英明决断。选择良机去行动才能收获一番回报，做不到这一点就无法胜过别人，只能当别人的垫脚石，被人踩在脚下，无法在博弈中获取胜利的机会。

不管你是英雄豪杰还是平凡之辈，你成就事业的关键就在于你是否敢于冒险。赢了就能赢得全世界，输了就会丧失一切。所以，与其坐以待毙，安于现状，还不如拿出筹码大胆地赌上一把，或许能成功，就只看最后的结果来见分晓了。生活中的许多小事情都可以拿来赌，你看周围的人有时因为一件微不足道的事争得面红耳赤，谁也不做出一点让步，谁也不肯服输，有时就打赌。于是经过查找有关资料，多方论证，使事情水落石出，这样输的人心服口服，而赢的人心理获得了满足。

社会环境变幻莫测，令人难以捉摸。但是机会不是那么渺茫的，它就像空气一样，一直环绕在我们的周围，一直没有离去。但是如果我们总是畏首畏尾，胆小如鼠，哪怕机会就在眼前我们都不敢伸手去抓，导致与机会擦肩而过这就怨不得别人了。有时候尽管希望渺茫，但我们也应该勇敢地去尝试一下，不论成败，当成是一次冒险。

【赢家策略】

想要成功必定离不开冒险精神和霸气，敢冒险的人才有可能抓住身边更多的机会，有了更多的机会，成功的几率就会越大。但是，在冒险之前还必须明确一点，所谓的冒险不是一味地蛮干、傻干，既要有“勇”，又得有“谋”。不动脑筋的人就放开胆子去闯，那是莽夫的行为，不过是逞一时的匹夫之勇，最终必将尝到自己种下的苦果，甚至让自己头破血流，倾家荡产。

成功人士在谈及自己的艰辛历程时往往会提及一种精神，那就是“敢为天下先”。也就是说，能为人之不能为，敢为人之不敢为，即敢走别人没有走过的路。也正是依靠了这种精神，才离成功越来越近。

7. 软弱退让只能任人宰割

“弱肉强食”是大自然里公认的丛林法则，而在人类社会中也遵循着“适者生存”的铁律，二者确实有相通之处。

动物世界里，猎豹为了能够存活，可以拼尽全力地追捕猎物，不捉到誓不罢休。在人类社会里，同样存在着这种弱肉强食的道理。人们为了能够生存下去，为了夺得属于自己的财富，一定会拼命去争取自己的利益而不让他人染指。在朝着自己既定的目标前进的时候，软弱退让只能任人宰割，而出手强硬、不放弃的人才能和别人一路竞争下去，最终赢得胜利。

在中国的传统文化中，以和为贵得到了不断的提倡，由于这种理念的不断宣传，导致中国人普遍以忍让为先，不愿与他人竞争。说句实话，这种理念放在今天的社会里是显得有些落后和过时的，它不符合我们当前的生存环境。一个人如果一味地软弱退让，是无法在社会立足的。

人们常说“人善被人欺，马善被人骑”，“人善”往往指的是那种表面上与世无争，善良、厚道，但其实内心充满了自卑和懦弱，缺乏主见。也正是因为这样的性格，他们没有勇气和别人争夺，面对他人的侮辱和打骂只能忍气吞声，默默承受，从未想过反击。最容易被欺负的人都是善良温厚的“善人”，因为与人为善，不争不抢，不使手段，不会拒绝人家，反而常被利用。这就代表了我们在生活中不能单纯地只表现出善良的一面，该“心狠手辣”的时候就决不能心软退让。

生活中我们应该擦亮眼睛，仔细分辨身边的人。有时候面对自己应该得到的东西就不要让给别人，别人不会感激你，甚至觉得这是你应该做的，长此以往就会无止尽地来压榨你，剥夺你的一切。除此之外，我们还应该尽量改变自己的懦弱性格，敢于展示自己，勇于表现自己的长处和优点，让他人刮目相看，只有这样，我们才能获得更多的机会。

看过成龙的电影的人都知道，成龙主演的电影向来都是以大篇幅的打斗场景出名，而在这些高难度的动作场面中，巨星成龙说自己从来都不用替身，一直都是亲自上阵。成龙的父亲是厨师，也是京剧的票友。小时候的成龙就很喜欢打架，那个时候他们一家人都在法国领事馆工作，成龙便经常和外国小孩子打，由于常打架、闹事，成龙的学业受到了不小的影响。成龙除了喜欢打架外，还爱看武侠片，时常模仿电影中的动作和套路，内心也渐渐地有了学武的想法。

某天在父亲的带领下，他来到了尖沙咀的美丽都大厦并拜京剧武生于占元为师。从此，成龙便和他的师兄弟洪金宝、元华、元彬、元德等成为了七小福。在那段学武的时光里，可谓是尝遍了辛酸苦楚，而于占元师傅的教育方式更是严厉，如果练得不好，惩罚的方式就是打、罚。还不到四天，成龙就开始后悔来到这里，然而他的父亲此时已去国外工作，成龙没有了退路，只能咬牙坚持下去。

成龙此时坚毅的性格得到了完美的锤炼，每天清晨五点就起床练功，一直到晚上十二点为止。平时吃的都是大锅饭，每个月都要等红十字会的人来派送救济品，而那个时候就是他们最为开心的时刻。在戏曲班结束学业后，成龙便做了武师的工作，在邵氏拍摄的电影中担任跑龙套的角色。当武师干的是力气活，赚的是血汗钱，每天可谓是出生入死，很多时候拍完了戏，都是一身的伤痛。而尽管如此，成龙的地位依然十分卑微，每天都要早早地等着导演来选人，而为了能被挑中，成龙常常是不要命地卖力演出，他也因而时常被导演选上。

回顾成龙的演艺生涯，他从最初一个默默无闻的演员，在接连不被看好的参演影片中，他始终在模仿他人的戏路，乃至最后想退出影坛到澳大利亚当一名厨师。后来他改变策略，以“真功夫”开创了香港“成龙电影”的新时代。此后几十年的电影创作中，成龙都坚持不用替身，从而主宰了自己的命运。

只有强者才能成功，软弱退让的人只有与失败相伴，最终必将被社会淘汰出局。因此，想要出人头地就首先摈弃“只想安静过日子”的想法。软弱退让的人总是会被专横、飞扬跋扈、有着丑恶嘴脸和险恶心机的人欺负。在结交朋友时，要和这些人保持距离。他们的唯一想法就是想要压榨你的一切，不劳而获。他们把顺应自己要求的人称做“朋友”，当“朋友”想脱离他们，他们就转为憎恨，开始恶言相加。

仔细观察这些人会发现，他们每天打着自己的如意算盘，时不时地来搜刮、敲诈你的东西，把周围的人视为猎物，将别人掌握在手中，令人害怕，令人痛苦。他们瞧不起别人的想法，压制、屈辱、强迫别人，让被欺侮者变得自嘲自讽。面对这样的人我们应当勇于反抗，绝不姑息养奸，唯唯诺诺地忍受他们的欺凌。

优秀的人总是会受人妒忌，当我们的闪光点刺伤险恶之人的眼睛时，他们就会暗中使坏，陷害我们。当我们的优秀引起他人的妒忌，甚至有人对我们大打出手时，我们绝对不能软弱退让，这样只会增加他们心中的自负感，认为我们不敢反抗，进而得寸进尺。面对他人恶意的打击，我们要清楚地认识到这不是我们自身有什么错误，而是他们嫉妒我们的才华和水平，内心不平衡，所以我们要展示出自己的手段，不能让他人看扁。要让别人认识到你可不是好欺负的，只有展示了自己强大的一面才能保全日后的安宁。

总的来说，在我们保持善良一面的同时，也应该展示凶狠的一面。对那些善良的人与之为善，对待那些阴险狡诈之徒展露我们凶狠的一面。无论如何都不能在生活中表现得懦弱，要知道“哪里有压迫，哪里就有反抗”，“暴君是由顺民制造出来的”，导致你苦难的根源正是你的软弱和退让。

如何让自己而不是别人主宰命运呢？首先就要具备十足的骨气，当他人对你提出非分的要求时，一定要懂得拒绝。心理学上说，不会拒绝是一种疾病，这种病的根源就在于你自己内心的自卑、不自信。当你想要有所作为的时候，你就百般地讨好别人，百依百顺，不分善恶。人际交往中，懂得拒绝是必修课，当你把别人应该承担的事情一揽子包下来时，别人心里自然暗爽，而当你被压垮时，你发出卑微的求救声，别人却狠心拒绝。所以，与其出力不讨好，还不如在最初的时候就巧妙地拒绝。

我们不是超人，不管自己有多么大的能耐，我们都不可能完成所有的事情。那么，为了不被人任意宰割，我们就要学会说“不”，为了自己的将来，为了自己的前途，狠下心来，拒绝别人，解脱的就是自己。

8. 霸气的人生最值得回味

前不久网络上流行一句话，“霸气的人生不需要解释。”诚然，真正彪悍的人生无须多言，真正好的人让人感到踏实，霸气的人生最值得回味。一个人平时的一言一行、一举一动，在举手投足之间都会折射出他的内心世界。别人就从这些不经意的举动中来评价你，是大气还是小气，是单纯还是猥琐，是霸气还是懦弱。

我们时常看到一些人，无论出现在哪里都会成为众人瞩目的焦点，即使他们坐在那里一动不动，不发一言，也会给人十足的威慑力，让人感受到他强大的气场，甚至让人产生出一种无形的安全感，让人依赖。这就是一个人霸气的体现。

世界船王包玉刚凭借自己的一身霸气和睿智成就了自己的霸业，在著名的“九龙仓闪电战”中更是大显身手。当时的九龙仓的老大是香港四大英资财团之一的怡和，但怡和集团只控制了九龙仓 20%的股份，这一点被包玉刚知晓，要是谁能占据 20%的股份，就可与之公开竞购九龙仓。而那个时候，香港地王李嘉诚也瞄准了这一时机，开始不动声色地买下了2000万股九龙仓股票。

这样一来，李嘉诚和包玉刚就开始公开地竞争九龙仓了。李嘉诚此时心里还打着另一个算盘，要是把2000万股的股票以每股30港元卖给包玉刚，自己不仅能获利5000多万港元，还能通过包玉刚在汇丰银行承接和记黄埔9000万股的股票。一来可以入主和记黄埔，避免了华资之间的斗争，二来又交上了包玉刚这一朋友，还顺便打击了英资，自己也获得了大量的资本，这样一箭三雕的好事不可失去。于是，李嘉诚秘密约见包玉刚，提出了自己的设想。包玉刚听闻立即对此表示出极大的兴趣，暗自称赞李嘉诚的智慧和想法，两人一拍即合，当场成交。在李嘉诚的帮助下，包玉刚买入了九龙仓的股份，而这样一来，包玉刚也就顺理成章地成为了九龙仓的董事局一员。

在包玉刚控制九龙仓3900万股股票之后，就相当于控制了30%的股份，这让英国人大为惊慌，董事长的大权就要移交到包玉刚手上，怡和集团将失去九龙仓。怡和集团没有坐以待毙，而是秘密召开会议。1980年6月，香港的各大媒体报刊均刊登出怡和集团的巨幅广告，怡和将自己置地公司的股票以75.6港元的价格和10厘周息的债券换取一股九龙仓的股票，这样的诱人措施使得怡和集团的持股比例迅速提升到49%。

怡和集团在香港商界占据了将近一百多年，这次的迅速出击使得众人大为震惊，而他们心里打的小算盘早已被包玉刚知晓。毕竟是大名鼎鼎的包玉刚，他们的小九九在这位“船王”眼里根本算不得什么。

一向办事谨慎的包玉刚，立刻联系了汇丰和其他几家金融机构，在凭借良好信誉获得资金保证之后，登上了返回香港的飞机，而此时，这位62

岁的老人已经整整20个小时没有合眼了。包玉刚回到香港，立刻秘密约见了自己的财务经理。经过一番筹划，财务经理给出了这样的结论："如果我们出价每股105元，那么对手绝对无法还击！"包玉刚认为，该出手时就要出手，虽然这样做要多付出三亿港元，但这是根据对手的底牌确定的，可以稳操胜券。于是他毫不犹豫，一锤定音："105元一股，就这样定了！"

这次举世震惊的"闪电战"使得包玉刚声名远扬，从开始到收购结束仅仅耗费了一个小时的时间，就让包玉刚拥有了49%的九龙仓股权，成为九龙仓第一位华人主席。这次"战役"震惊了香港，打击了英资的嚣张气焰，使得华人终于得以扬眉吐气。

霸气，是一个人由内而外散发出来的魅力，它让人对你刮目相看。一个霸气的人做事果断，勇于承担。霸气的人在出场之时便以自己的气场震慑住周围的人，让人欣赏和赞叹。包玉刚"闪电战"气吞九龙仓，其手腕准、狠、稳，显示了十足的气概。

有的人能表现出超人的才干和霸气，平日里精神抖擞，与众人言谈甚欢，博得了众人的喜爱和青睐；有的人却十分胆小懦弱，见人就窘迫不安、语无伦次，让人心生厌恶。霸气的人，在各个领域上都能有所建树，无论是为人处世，还是经商任职方面，都能凭借个人的魅力和做事的霸气让人信任，成功地与之合作。

一个人，可以不英俊，但是骨子里一定要霸气十足。除了加强自身的心性、习惯训练以外，还要学会通过你的面部表情、形体动作、语言等来展示你的霸气。那么，怎样才能发挥霸气这种独特的气质呢？

在表现霸气的时候，首先就要有绝对十足的自信，自信是成功的基础，缺乏自信的人难以形成自身的霸气。自信更是人们情绪定位的核心，它对于是否发挥霸气起着至关重要的作用。当双方交谈时，对方早就开始通过你的一言一行来判断你的性格，是懦弱还是坚强，是软骨头还是硬骨头。在这种情况下，你的一举一动是十分的重要，它关乎对方对你的评价，以及日后的合作事项。首先，你要进行自我调控，决不能流露出丝毫的不安和怯懦。眉宇间透出一股霸气，举手投足间显得大气，这样能使人心安，让人信赖。

【赢家策略】

在平日的工作学习中，我们可以凭借身体的优势来展现霸气。坐有坐相，站有站相，吃有吃相，通过走路的姿态，说话时的语气和内容，还有与他人谈话时的专注程度等，所有这些都要求自然而不做作。而这一点看起来也不是难于上青天的事情，只要我们能保持住随和、充满机敏的状态，就能在无形中透露出一种巨大的魅力和权威，让人感受到你的霸气和风度，一点点渗透到对方的心中，在他们心里产生连锁反应，使对方在不知不觉中被吸引、被征服。

除此之外，想要表现霸气还需要完美的包装。人靠衣服马靠鞍，就算是威严十足的佛像也需要金箔来包装，而我们更要营造出属于自己的霸气来展现自己魅力，这便能让我们的事业一帆风顺，勇往直前。在平常的称谓上便可见一斑，很多人喜欢给自己的头上冠上许多头衔，如董事长、总经理等，这些头衔绝不是一个随便叫的口号，而是事业成功的象征。同时，还在一定程度上衬托出拥有者的威信和霸气，显示出人的特殊资格和影响力，这能使很多有困难的工作迎刃而解。

第五章

顺从的陷阱：畏惧挑战而逆来顺受，只能活在自己的小世界里

人生中少不了承受各种磨难与困苦，陷入逆境的时候，不应把对艰辛的体悟化作好脾气、有耐性，而应像风筝一样逆风而上，闯出一个新的世界，活出全新的自我。被压力和挑战吓倒的人，只会逆来顺受，他们活在自己的小世界里，无法欣赏到风雨之后美丽的彩虹，这样的人生充满了无尽的遗憾。

1. 不想当将军的士兵，不是好士兵

我们每一个人应该都有过这样的经历：每一次参加活动或比赛，比赛前总是各种的加油打气，希望可以展示风采，拿到名次。而到了比赛的时候思想就变为重在参与，名次根本不重要，从而草草了事，漫不经心。事后又不忘以“我已经增长了见识”为理由来安慰自己。

这种无所谓的参赛心态必然会导致每次的活动与比赛都是败兴而归。一谈到失败理由，不是还没准备好，就是赛制不公平，总之找出一切说法给自己台阶下。这样的做法说好听点就是“我不爱争取，重在参与”，说直白点就是“没实力，没硬本事”。殊不知要想使自己脱颖而出，必须要抱有“不想当将军的士兵不是好士兵”的心态。

有一句话说得好：“你的心胸有多宽广，将来你的团队也将会有多大。”这也恰恰是“不想当将军的士兵不是好士兵”的翻版。在事事都处于竞争状态的现代社会，如果你唯唯诺诺，胆小怕事，总是抱着“知足者常乐”的心态，永远不可能傲视群雄，成为能够领导一个团队的好将军。

古人云：“不进则退。”不求上进的结果必然是在团队的总体水平上

升后，你自己却落在标准之外。这样连一个“好士兵”都称不上，更别谈当一个“好将军”了。有句话叫“没有欲望就没有成功的动力”，所以说，每一个成功的人都有着他自己的欲望，或大或小，或长或短。

“不相当将军的士兵不是好士兵”，说的就是人要走向更高的目标就必须要有一个更大的野心，从古至今的成功人士哪一个不是怀揣着野心并为之不断努力呢？一个没有任何野心的人，是无法创造出一个人生奇迹的，甚至于不能在茫茫人海中站稳脚跟。“知足者常乐”这句话对于一个想要成就大事业的人来说，似乎并不适用。

孔老夫子曾经为了谋生，当过仓库管理员，也就是当时的国家公务员。但是，他没有安于现状仅仅当一个小小的仓库管理员，对于自身的工作，他只是停留在妥善完成、不出错而已。他并没有在这个岗位上花费过多的时间，而是将大部分时间用在自己的崇高理想上。假想，如果孔子安于现状，只想着当一个普普通通的“小士兵”，凭他的毅力，他完全有本事成为全国第一的仓库管理员。那么，他也就无法到达令人企及的高度了。正是因为孔老先生有想要“当将军”的念头，他才能够披荆斩棘，成为儒家学派的创始人。

放眼当下，阿里巴巴创始人马云的成功也是与他不断膨胀的欲望和无限增长的野心分不开的。他不断超越自己，才取得了今天的地位和成就。如果马云仅仅满足于当初的小成就，在阿里巴巴崭露头角后就停滞不前、沾沾自喜，那么，阿里巴巴集团也就不会成为中国最大的电子商务平台。在阿里巴巴做大做成功之后，马云的野心似乎更加膨胀，他不甘心阿里巴巴只是一个普通的集团。为了把阿里巴巴做成电子商务的“将军”，马云等高层领导的扩张行为或者说是整顿行为就没有停止过，收编口碑网、招揽谢文等手段都显示着马云那颗不停止跳动的野心。

所以不想当元帅的士兵不是好士兵，他缺乏斗志激励自己，缺乏信念考验自己，更缺乏精神鞭笞自己。人要走向更高的目标就必须要有一个更大的野心。而若没有了这样的野心，就会有很多的人才被埋没。

在现代社会中，有魄力、有野心、有欲望、勇敢的人才能适应社会的各种变化和挑战，成功的几率才会比一般的人要大。所以我们要将自己锻炼成一个有魄力、有野心的人，做任何事都不能够畏畏缩缩、胆小怕事，始终要铭记一点——“胆小不得将军做”。胆小的人不能适应社会新的变化，在社会中占据不了一席之地。

既然当“将军”对一个人的发展这么重要，那么如何实现从“士兵”到“将军”的飞跃呢?

首先，就是要树立远大的目标。俗语说：“有志之人立长志，无志之人长立志。”有正确的志向很重要，这是关键的一步。士兵没有既定的伟大目标，没有明确的发展方向，不能很好地规划自己的未来，只是碌碌无为。而成为将军是一件具有考验性和挑战性的事情，没有一定的野心和毅力，不付出努力和艰辛是不可能成功的。中国古人也说过：“胸中有志不为贫。”就许多平凡人而言，他们穷苦一生，不是因为他们没有辛勤劳动，而是没有远大目标，安于现状。

其次，要善于把握机遇，善于选择、善于创造。机遇就是人生最大的财富。“士兵”一般的普通人浪费机遇轻而易举，所以一个个有巨大潜力的机遇都悄然溜跑。而那些想要成为“将军”的人都是绝对不允许机遇溜走，甚至自己创造机遇，能够纵身扑向机遇。

最后，要发挥强项，做自己最擅长的事情。“金无足赤，人无完人”，没有人是十全十美的。所以，要想成为一个统领团队的“将军”，就必须要发挥自己的强项。一个只看到自身弱项的人肯定难以打开人生局面，他必定是人生舞台上重量级选手的牺牲品。成大事者必须要在自己擅长的事情上充分施展才智，一步一步地拓宽成功之路。

只在河里游泳的人，不知道大海的宽阔；只安于当士兵的人，不知道当将军的魄力。人生就是一项自己做的工程，我们今天的思想决定了明天住的房子，如果你勇敢突破，则能够战胜一切。

【赢家策略】

“不想当将军的士兵不是好士兵”，这句话在勉励我们做事要有上进心、进取心，要有所作为。信念就是推动人生前进的风帆。没有理想信念的人生，就像失去了方向和动力的小船，在生活的波浪中随处漂泊，甚至于淹没在狂风巨浪中。

“不想当将军的士兵不是好士兵”，这更是一种魄力。有魄力的人，敢于在风口浪尖上横刀立马，表现出一种挥洒自如的气势，一种不败的风范。魄力对于一个人来说是至关重要的，不具备这种魄力，什么事都跟在别人屁股后面走，实在是一种痛苦。特别是在社会竞争愈演愈烈的今天，在激烈的竞争中，有魄力的人就成了核心力量，其他的都得跟着人家走。

要做我们就做“将军”，做千万“士兵”中的佼佼者，俯瞰众生。从而凌驾于千万“士兵”之上，运筹于帷幄之中，决胜于千里之外。

2. 有些事情你不得不计较

工作上，有些人为了处理好和领导的关系，对上级从来都是点头称是。也许在他们眼中，这正是圆滑处事的体现。可在领导却不这么想，他们通常会认为："如此懂得隐藏的人，他们的内心想法是什么？或者说，他们根本没有思想。"总是哈腰点头，反而被别人误认为你是一个无能的人，最终被抛弃。

比如说，在职场中，适当地计较一些事情，未必是坏事，反而是一件好事。这个世界上根本没有清心寡欲、无欲无求的圣人，越是表现得与世无争，别人就越觉得你能装。在必要时刻敢于站出来维护自己利益的人，才是真实的，才能最令人叹服。韬光养晦必然重要，但必要的时候，适当表现出个性、脾气才能展现出你的才华。

在今天这个竞争激烈的社会里，明哲保身必然使你一帆风顺，但也注定了你碌碌无为的一生。为了跳出平庸的牢笼，许多时候，你必须表现出自己的欲望，表明自己的立场，说明自己的想法，让领导知道你在想什么，才可以得到重用的机会，赢得合作的可能，或者让别人不敢侵犯你的利益。有着与世无争的风范，却不能得到他人发自内心的尊重，也与许多机会失之交臂。

这样的情形不枚胜举，王志与张雷就是一个典型的例子。他们两个人在同一家公司实习，性格却有很大的不同。王志性格十分温和，而张雷的性格却正好与之相反。王志对同事们的要求向来都是有求必应，有人让他去买饭、买咖啡，他毫不犹豫地就答应了。而张雷却从不做这些琐碎事，渐渐地同事们都习惯使唤王志这个“老好人”。

而且每次开会，张雷都是一个积极分子，他经常反对同事们的建议，随即提出自己的想法，一针见血，毫不顾忌对方的面子。每次开会，张雷都把气氛搞得异常紧张，其锋芒毕露的性格很难被其他同事接受。大家都认为他是一个十分尖锐、很难相处的人，所以很少有人喜欢他。而王志却是一个好好先生，不仅很少发表自己的意见，在多数情况下，他都投赞成票，即便他有更好的想法和建议。这样一来，王志在同事们中占住了脚，可没有多大作为，也没有显著的业绩。

三个月的试用期到了。大多数人都认为，王志会很有竞争优势被老板任用。但是，结果出人意料，张雷获得了工作机会，而且还升职了。原来，老板在他尖锐的性格下，看到了他与众不同的才华，而这种争强好胜的人正是公司保持活力所必需的。

张雷以他的才华，以及敢于和别人一争高下的勇气，获得了工作机会。而那些老好人们，跟领导和同事们笑脸相迎，本身没有任何危险性和攻击性，尽管这样的人深得人心，却没有任何能力，最终也会被其他人取代。

年轻人的最大特点就是敢想敢做，甚至个人脾气不好的一面，但是它可以使一个人的潜能发挥到无限大，也可以逼得一个人倾其所有，付出一切，排除任何障碍。敢想敢做使人无后顾之忧全速前进，屡战奇功收到意想不到的效果。但倘若你在这个时候甘愿做一个老好人，将自己真正的才华隐藏在你的笑脸之下，久而久之，哪怕你再怎么有才华也会随着时间的流逝而消失殆尽，最终平平庸庸，无所作为，成为一个连日常生活都无法经营的普通人。

对任何事都不计较，都没脾气，或许被看做是一种宽容、大度。但是，在大多数人眼里，这种老好人是软弱、无能的表现，时间一长势必被人欺负。因此，在关键时刻，一个人必须去争取自己的利益，划定自己的势力范围，绝不允许他人侵犯。让外界见识到你的意志、意图，那么就没有人敢对你胡来了。讲道理，但是不一味地做老好人，这种张弛有致的个性是一个人立身的根本。

人们常说："规则之外，始终有人情。"只要不涉及原则问题，必要时候当一个"睁眼瞎"也是可以的。但是，若是你锐气十足、锋芒毕露，为人处事太过极端，待人牛气冲天、趾高气扬，恐怕这也不行。哪怕你学富五车、才高八斗，其他的同事也会排挤你，想尽办法挖苦你，让你的本领得不到施展，抑郁而不得志。

那么，哪些事情需要计较呢？

首先，若是涉及到你的能力与才华的事情必须要计较。如果在这个时候你选择沉默，别人就认识不到你真正的能力。千万不要总是坚信"是金子总有一天会发光"，隐藏得太深，只会让你这千里马彻底被埋没。在这个社会里，千里马是很多的，等你想要施展本领时，有谁会相信你呢？所以说，在必要时候，毛遂自荐、"斤斤计较"是很有必要的。

其次，若是涉及到自身利益的事情必须要计较。倘若你在别人侵犯你自身利益时一声不吭，久而久之，他会认为你好欺负，不把你放在眼里。所以这个时候你不能再忍了，必须站起来反抗，维护自身利益。

这类事情还有很多，但是有一点你必须要三思而后行，权衡利弊。很多时候，有些人不懂得说“不”，给自己带来很多麻烦，其实这些都可以避免的。但这并不是叫你去拒绝别人的好意，只是要看自己行不行，不需要去计较的就不计较，需要的就据理力争。

【赢家策略】

当你该计较的时候，一定要把握好分寸感。也就是说，该计较的时候也要注意方法和措施，不该计较的时候不要胡搅蛮缠，让别人觉得你没有大家风范。有些事你不得不计较，但是哪些事情该计较不是任何人都能判断出来的，这就是高人与凡人之间的区别。

那些会圆滑处世的人即便是真正与人计较，也会尽量不伤害别人，展现出真正的大度。这是给别人出路，给他们台阶下，也是在给自己留出退路。坚守个人底线，但又能做到不伤害双方的感情，这才是“分寸感”。而很多时候，我们都到达不了这个高度。人无完人，我们能做的就是尽量去完善自己。

总之，我们不能太唯唯诺诺，要有自己独特的想法和建议。不能使自己陷入被动的地位，没有一点主导权。从现在起学会计较一些事，学会对那些让你感到不舒服的事情说“不”，相信你的生活会因此大放异彩。

3. 不去折腾，就无法活出精彩的自我

一个人如果总是待在自己所处的小地盘、小天地里，就会跟不上形势，不知道外面的世界发生了怎样的改变，久而久之，自然会失去出彩的机会。好比你整天跟自己的父母待在一起，与父母的感情确实加深了，但长期生活在家人的庇护下，你的交友能力与独立性不知不觉地在安逸的生活中就流失掉了，梦想也就不再有了。

正所谓：“花盆里长不出参天松，庭院里练不出千里马。”要想展现自己，使自己变得与众不同，你就必须要尽可能地去“折腾”，活出精彩的自我。一旦你走出了自己的小天地，你的活动半径就变大了，获得社会关系的类型越多，而这意味着你应付风险与危机的能力也就增强了。

在社会上行走，必须看到人生的舞台是无限宽广的，能够让每个人去疯狂、去“折腾”的空间和机会也是足够大、足够多的。但是如果你仅仅甘于做一个“井底蛙”，心中只有眼前的一片小天地，看不到外面世界的精彩，就差不多等同于废物了。

若是你敢于突破思想的牢笼，从安逸和平凡的枷锁中挣脱开来，你就会发现每个人的思维模式、应对风险的措施有很大的不一样。你会看到不

同的人生活在不同的社区里，不同社区的生活规则是不同的，资源也不同，人们之间确定事物的标准也不同，对美的认识也就不同了。在这之中，我们才会有伦理上的新认识，而看待事物的角度、了解知识的方式也就发生了改变。但这改变是好的，它不同于以往的认知，会使你趋于成熟和睿智。

每个人都有自己的精彩，只是需要你善于去发现和挖掘。而自身的闪光点往往在周围环境不变的情况下很难被自己或者他人发现。有一首歌唱得好："再不疯狂我们就老了"，要想活得精彩，我们就要去尽情地"折腾"，在改变中发现自己的优势。

联想公司刚刚成立的时候，高层领导要求柳传志、李勤等 11 个"所谓的技术人员"开发高技术产品。为什么说他们是"所谓的技术人员"，在当时，所有人对他们的评价就是这 11 个人是"完全不懂得市场、不懂经营管理的科技人员"。而且计算所只批给了他们 20 万元的贷款，这对于开发高技术产品的公司只是冰山一角，想要维持公司的正常运营都很困难，更别说开发高技术产品了。

面对激烈的市场竞争，他们一时不知所措，要想继续发展下去就必须要有足够的资金积累。为了公司的发展，他们选择背水一战。1985 年，公司内部发出通知，要求公司全体职工，包括科技人员和总经理在内，全部投入低档次的技术劳务。技术劳务，说白了也就是出卖技术劳动力。他们穿梭在社会上的其他公司中，为它们验收、维修计算机、培训人员。

在外人看来，联想公司就是瞎折腾，可正是这样的瞎折腾为联想公司的发展奠定了基础。一年后，他们的瞎折腾为公司积累了 70 万元，不仅如此，他们个人的能力也提高了不少。经常穿梭在其他公司中，大家多多少少也学到了它们的经营理念与高级技术。如此一来，就为以后开发拳头产品积累了必要的资金与能力。

后来，倪光南开发出了联想式汉卡。版本经过不断的改进、翻新，联想汉卡很快占领了销售市场，销量居高不下。后来他们又代理 AST 微机，以其汉卡的优势建立了销售微机的渠道，建立了自己稳定的客户。从此，公司销售额迅速增长。到 1988 年，销售额首次突破 1 亿元，达 1.2 亿元。联想公司的成功与早期的背水一战是分不开的，上下级“倾巢而出”，全部出动，为联想打下了江山。

有很多实业老板，你发现其实他们并没有上过多么好的大学，受到多么好的教育。但当他们和我们交流的时候，你会觉得他们知识也很渊博，尤其是社会经验极为丰富。他们都很敏锐、很智慧，讲的话也很平凡易懂。这是为什么呢？“读万卷书，不如行万里路；行万里路，不如阅人无数。”想必他们年轻的时候也很有胆识，敢于驰骋疆场，单枪匹马闯江湖吧！

人生就像大海中的一叶扁舟，起起落落、浮浮沉沉，有成功也有失败，有高兴也有沮丧，但无论是快乐还是痛苦都是人生的一种体验。你不去尝试，永远无法发现生活的多姿多彩。行动了，你就有可能会成功；不行动，则注定要失败。

行动就是成功的法宝，迈出行动的第一步，你就知道外面发生了什么，这个世界上到底都有些什么东西。

透过书本瞭望世界，就像看世界地图是为了让你有能力和机会走向世界一样。但不行动，你无法发现真正的自我。在行动中设立自己的目标，找到自己的偏好，你就会发现原来世界如此之大。

但瞎折腾不是意味着你不分场合地点，不懂人情世故。你要对自己有准确的定位，不回避自己的缺点也不妄自菲薄，敢于正视自己，懂得定位，就可以学会采用理性的态度追求更好的生存状态，明白我能做什么、想做什么、怎样去做以及成为一个什么样的人，在这样的前提下对自己的未来有很好的规划，然后再去折腾。只有这样，才能把命运的主权把握在自己手中。

再者，你必须要有自己的优势。歌德说：“每个人都有与生俱来的天分，当这些天分得到充分的发挥时，自然能够为他带来极致的快乐。”我们老盯着自己的弱项不放，就会忽视了自己的长处，不懂得如何扬长避短，发挥自己的优势，经营自己的长处，就像在泥潭里挣扎一样，无法自拔。经营自己的长处、发挥自己的优势，在此基础上，尽情地发挥自己的想法，你就会发现成功是如此简单。

最后，任何时候，都不要打没有准备的仗。如果决定了朝着某个目标奋进，你就要准备好吃苦、受累。否则，你会被伤得很惨，而且一无所获。

【赢家策略】

没有人愿意平平庸庸地度过一生，我们要做的很简单，就是去折腾、去行动、去认识世界。做一件事情，只要开始行动，就算获得了一半的成功。人的威力会变得巨大无比，许多令人难以想象的障碍也会被你轻松地突破，当然前提是：你必须行动起来。不然，只知道浮想，如停在铁轨上的火车头，那就连一块小木块也无法推开。

一成不变的生活是可怕的，日复一日的劳作只会让你对生活失去希望，看不到明日的太阳。要想活得精彩，就必须大胆地走出去，用高于常人百倍的精力去折腾、去疯狂。

4. 奋斗，是生命的时尚

记得一位作家这样说过，重要的不是成功，而是奋斗的过程。人赤条条地来到这个世界上，又赤条条地远离这个世界，这其中的过程要想活得有韵味，只有两个字——奋斗。人们为了生命的意义都在不断地努力着，不停地奋斗着。生命的价值在于无限的奋斗，没有奋斗的人生是极其无味的人生，不敢奋斗的人生是懦弱无能的人生，不会奋斗的人生是毫无乐趣的人生。

俗话说："没有比人更高的山，没有比脚更长的路。"山再高，它高不过攀爬它的人，只有站在山峰的最顶端，才能领略到无限风光。路再远，它远不过人的足迹，只要我们坚持不懈，永不放弃，路同样将布满人的脚印。船只若不在大风浪中奋斗，它将面临沉没的危险；人若不在困难中奋斗，他就可能被困难吞没。

是碌碌无为，虚度年华；还是踏踏实实，拼搏奋斗？这取决于自己。

是成为笑傲天穹的精灵，还是成为陆地上平庸的小丑，一切的一切还是由自己决定。没有狂暴的风沙，就没有壮观的沙漠；没有汹涌的波浪，就没有浩瀚的大海；没有努力的奋斗，就没有绚丽的人生。

为什么那么多自主创业的人没能走下来？这一切也许是源于害怕，害怕失败，害怕自己奋斗到头来仍是两手空空。然而他们错了，错在没有勇气，没有信心去为人生而奋斗。我们要在有生之年，敞开心胸去拼、去搏，让生命燃烧，让青春无悔，在峥嵘岁月中让自我价值实现。

“农民企业家”刘永好的一生就是不断奋斗的一生。1982 年，刘永好与三位兄长一起辞去了在政府机构的“铁饭碗”，到农村去创业。他们变卖手表、自行车等，总之除了房子能卖的都被他们卖掉了，终于凑起 1000 元钱的创业基金。一开始，他们做养殖，主营业务是孵小鸡、养鹌鹑和培育蔬菜种。然而，万事开头难。他们经常面临资金短缺的危机。买不起孵化箱，他们到货摊上收购废钢材，然后自己做。为了建厂房，刘永好从市里买回一拖拉机旧砖，但由于道路狭窄，拖拉机无法进村。他们手抱肩扛，愣是把一车砖给搬了回去。他们学会了面对苦难，内心变得坚强起来，脸皮变得厚起来，他们也因此懂得了奋斗是通往成功的不二法门。

就这样，他们白手起家，坚持不懈，经过六年时间，积累了 1000 万元，创建了中国最大的本土饲料企业集团——希望集团。希望集团涉及领域极其广泛，不仅在饲料、乳业及肉食品加工等占有一席之地，甚至在房地产、金融与投资、基础化工、商贸物流、国际贸易等领域都颇有建树。

人生是一种经历，成功是在于你克服了多少困难，经历了多少灾难，

而不是取得了什么结果。这样，我们就可以说没有虚度年华，并有可能在时间的沙滩上留下足迹。靠着不懈奋斗取得成功的例子不枚胜举。1987年，时年47岁的宗庆后拉着“黄鱼车”奔走在杭州街头，推销冰棒。多年以后，他成了娃哈哈集团总裁，成为中国饮品行业的龙头老大。2009年，柳传志在联想集团复出，带领这个跨国企业，开始了新的征程，一路走来，披荆斩棘，成为中国企业界的一段佳话。

生活就像一本无字书，没有作者，但掌握在自己的手中。在生活中没有后悔药，做了的事情不可能再回头，所以，我们不要做让自己后悔的事，努力奋斗，谱写出一篇美妙的乐章。

“世上无难事，只怕有心人。”风雨之后，便是彩虹；付出之后，便是收获；奋斗之后，便是绚丽的人生！刘永好和他的企业屹立30多年不倒，最根本的一点就是不懈的奋斗，任何时候都不叫一声苦，不说一声难。他们用辛勤的汗水去浇灌成功，用坚强的意志磨练自己。成功的喜悦难以用语言来表达，而奋斗的过程却更值得我们去回味。奋斗并不困难，但如果你连奋斗的勇气都没有，那么你只能被困难所击倒。

在我们身边，经常听到有人这样抱怨：“我只是一个弱者，一没文凭，二没工作经验，终将被社会淘汰……”的确，现在的社会是一个充满挑战、才人辈出的时代，坐享其成的后果只会是坐以待毙。要想在社会中占有一席之地，有所作为，其中重要的成功因素就是奋斗。阿里巴巴前任总裁马云感叹：“创造总是艰辛的，顺利总是短暂的，而艰苦是永恒的。我们正在创造这家伟大公司的历史，我们就要有信心去面对这些困难、问题和错误。”

当困难降临时，我们要竭尽全力，背水一战，不要给自己留下退路，不要顾忌失败。即使失败了也要重整旗鼓，卷土重来，并立下比以前更强大的决心，努力奋斗直至成功。这样才不愧对人生。人类在永远的奋斗中不断壮大，而在永恒的沉默中只会灭亡。在这个充满奋斗的世界里，要想生存，必须奋斗。

人生需要不停地奋斗。一个不懂得奋斗的人，注定成不了大事，过着浑浑噩噩、行尸走肉般的生活，犹如失去的了灵魂后仅存的空空如也的躯壳，机械地重复着每天的生活，失去了生命的意义和价值。所以，为了不碌碌终生，我们需要奋斗终生。人生在世，奋斗的形式有很多种。为了理想，你踏踏实实，埋头苦干，这是奋斗；为了父母家人，你驰骋职场，身兼数职，这也是奋斗；为了贫穷的学童重回校园，你奔走呼告，游走大街小巷，这更是奋斗。

【赢家策略】

漫漫人生路，带奋斗一起飞翔，你就会战胜一切困难，笑对人生；芸芸众生中，不被挫折所打倒，带奋斗一起飞翔，坐看庭前花开花落，你的心也会因此而豁达；悠悠求学路，带奋斗一起飞翔，它会使你的人生如虎添翼，让你的人生从此与众不同。“自古雄才多磨难，从来纨绔少伟男”，是金子，总会发光，但失败了也不要气馁，大不了从头再来。

生命不止，奋斗不息。人生需要的就是一种拼搏，一种不懈的追求，否则就没有任何意义可言。在各种艰难困苦的挑战下，我们都应当永存信念，这才是人生，才是追求。做一个勇于奋斗、自强不息的努力者，你才会笑看生活的起起伏伏。

5. 困境面前，一硬到底就会有转机

人只要活着，总会有困难伴随这一生。就像手握一朵玫瑰花，如果遇到花朵那便是我们的幸福，不幸触碰到刺则是我们的不幸。然而，若没有遭遇困难，人生就会像一张白纸一样，变得苍白无力。如果没有战胜困境这一步，人生便难以学会征服，我们就无法走进一片新的天地中。

在一个人陷入困境的时候，生命之花往往会以新的形式重新绽放。因为困境是人生必经的一步，是人生的必修课，只有在这个堂课上，你才能够看清“真相”，才能够发现“良机”。在困境面前，只有两种选择：一蹶不振或者一硬到底。毫无疑问，我们应该选择后者。凤凰涅磐，浴火重生，唯有这样，我们才会探索内心、深入自省，继而爆发出无限的潜力，把危机化为转机。

人们总是抱怨不幸，可是生活往往告诉我们，在困境面前昂起高贵的头颅，才可以收获幸福。生活的弱者和强者在困境面前是两种截然不同的态度：弱者遇到困难会心烦意乱，手足无措；强者遇到困难会无所畏惧，一路向前，进而变得成熟，变得豁达洒脱。这样的结果无非是“强者更强，弱者更弱”。困难是走向成功的试金石，也是人生一笔异常丰富的财

富。“不经历风雨怎么见彩虹”，只有在困难过后，才能感受到人生的底蕴和繁纷。

艰难困苦更能磨砺人的意志。真正的强者，从来不会因为痛苦而故步自封，不会因为厄运而一蹶不振。他们敢于直面惨淡的人生，敢于正视淋漓的鲜血，在逆境中迈开步子，大步行走，进而收获幸福，取得最后的胜利，体验到生活最真的滋味。

咖啡是苦的，人生却是甜的。因为我们都在不断地重新认识自己，即使遇到挫折，只要不放弃，就会重新振作，人生的苦涩会变成甘霖，充满浓浓的香气。只要心灵不枯竭，生命的绿洲就会永存。在困境面前，人们不断挑战自我的愿望被不断放大，而奇迹，随时都可能会发生。勇气和毅力就是生命勇者头上的王冠，即使风吹雨打，它们依旧闪亮耀眼，震慑一切黑暗。人们无法逃避厄运，却可以用这份勇气和毅力将厄运击败。

冯志久是著名的“一元大亨”，但在接触他现在的职业之前，他是一名真正意义上的流浪汉，常年漂泊在外，历尽了艰辛，却没能摆脱穷困。1990年，冯志久跟随着一堆渴望财富的同僚涌向了珠江三角洲，一路奔波，到那儿一看，才发现那里早已人满为患。他因为年龄大，没有技术，没有学历而被多次拒绝。百无聊赖的他失落之极地游走在街头。偶然间他发现工人们下班后都端着饭盒往街上的小店跑，好不容易跑到店门口，还得排长队等一段时间。这吃饭的人多，开店的人少，都挤成这样了。他脑子一转，瞬间感觉开个供外来务工人员吃饭的小店，生意应该不错。

峰回路转，好不容易，有这么一个工作赚钱的机会，他自然是很激动。没过多久，他就开始租房当厨师。每到中午和晚上的饭点，他就担起两桶饭菜，往出来吃饭的工人们那儿推销。一天下来能挣个30元钱，日积月累，很快就凑足了37000元的资金。有了资金，生意就有做大的可能。冯志久没有迟疑，租了更大的店面，办了执照，快餐店很快就开张了。由于价格实惠，老客人又多，生意是做得风风火火。他经营餐厅的绝招是薄利多销。那个时候，广州的饭店快餐一顿至少得要两元，而他却一律只收一元。冯志久辛辛苦苦做了下来，一个月的净利润就有2000元，这个收入令他再一次备受鼓舞。后来，他又增加了桌椅板凳，扩大了店面，还雇了员工。每天早上卖粉，中晚餐卖饭，无论哪一餐都只收一元。

这样便宜的餐馆，大家都喜欢去惠顾，每天的顾客至少有500人，多的时候还能上千。他采用薄利多销的经营策略，一份饭里赚的不多，但来的人多，赚的也就多了。每个顾客身上能赚几毛钱，一天有1000人来，一个月净利润也就快上万元了。从一个流浪汉到百万富翁的蜕变，就在于他无论处境有多困难都做到了不放弃。想想他一个人，漂泊到工厂已经被人嫌他老了而拒绝雇佣的时候，他是多么贫困。这样的困难对他来说是持续了人生的大部分岁月，但他没有因此而停止去探索。终于，希望来了。有的时候经历多了，困难就会磨练我们的承受能力。对于一个常年养尊处优的人来说，这样落魄的境地可能会让他绝望。但对冯志久来说似乎只是个平常事，他依然冷静地面对了。

所以，在面对困难的时候，我们应该从中去感受生命，毕竟它是每个想走远的人避不开的坎儿。勇敢地度过了困难期，你就会有收获。每一个成功人士的背后，也有着无数次跌倒，然后重新站起的感人故事。

也许，外人看到的都是成功者最光辉灿烂的一刻，事实上，大家看到辉煌的一面只占20%，艰难的一面达80%。成功的人往往是这样，当困境降临时，他们竭尽全力，背水一战，绝不给自己留下退路，毫不顾忌失败，所向披靡。即使失败也会卷土重来，他们也会“屡战屡败，屡败屡战”，并立下比以前更坚韧的决心，努力奋斗直至成功。这期间，必定是要经历九九八十一难的。

人活于世，就要做好迎接困难的心理准备，要想到你可能碰到的最倒霉的事情，然后去从容应对。一路挫折走过来，每一天每一个步骤、每一个决定都是很艰难的。但是坚持下去，才会“柳暗花明又一村”，不然生活就会被无休止的阴暗所笼罩。人生是一种经历，成功是在于你克服了多少困难，经历了多少灾难，而不是取得了什么结果。每次打击，只要你扛过来了，就会变得更加坚强。

人生就好像是大海，既有风平浪静的时候，也有惊涛拍岸的时候，但不可能总是一帆风顺。所以，哪怕是在困境面前也要坚持到底，这样才能闲看庭前花开花落，漫观天外云卷云舒，做到真正的宠辱不惊。一切苦难到最后都会消失，旧的去了，新的再来，在不久的将来，新的也会变成旧的，循环往复。在面对苦难的时候，要跟着自己的感觉和勇气，听从内心的声音，打破幻想，认清眼前的事实，才能重新收获美好。

【赢家策略】

困境是人生的必修课，困境是人生的试金石，困苦过后，人生恢复了原本的光彩，焕发出无穷无尽的力量。困境本身并不可怕，从决定背水一战的那一刻开始，你已经成功了一半。在追求成功、追逐梦想的道路上，必须要有强者的心态，必要的时候一硬到底，无疑会让成功来得更早些。

身陷囹圄之时，要有一股“宁可战死，不被吓死”的野性力量。这样无论面对什么样的困境，我们都能以强者自居；无论面对什么样的对手，我们都能不战而屈人之兵。

6. 争权夺利，我的地盘我做主

在人生的起跑线上，有太多的无奈，太多的困难，太多的伤感。人的一生不可能永远一帆风顺，而要经过一次次的磨难。把握住自己生活的缰绳，才能实现不朽的人生，别等着别人给，记得要去争，我们的地盘应该掌握在我们的手中。小到早上吃什么、明天穿什么、出门坐公交还是打的，大到生涯发展，是直接就业、还是国内读研或出国深造……这一切的一切，我们都应该占据主导地位。

“物竞天择，适者生存”，现实就是这么残酷，不是你死就是我亡。过上衣食无忧的生活很难，想要创出一片天地来是难上加难。所谓“人为财死、鸟为食亡”，要想生存，必须狠下心来，打下一片天地。而后，对侵入自己地盘的人，下狠手铲除，这样才能成为生活的强者。

对于命运来说，你没有其他选择：要么被人掌控，要么掌控自己。被人掌控，你就得唯唯诺诺，想着如何讨好别人；而掌控自己就可以在自己的世界里翻云覆雨，占据主导地位。拿回人生主导权，就是要你明白，你是可以主导一切的。你不应该亦步亦趋，而是可以引导潮流的。即使你暂时不能担当引领潮流的重担，你也应该听从心灵的召唤，走自己的路，让别人为你拍手喝彩。

有一位老先生曾经讲过这么一个故事：一位游客爬山时，看到蚂蚁成群结队，浩浩荡荡地大搬家。当时他还以为是天要下雨了。结果，没走几步，他的想法就被推翻了。在山腰上，他发现了成堆的蚂蚁尸体，而且仍然不断地有成堆的蚂蚁黑压压地聚集。而山顶上一处草丛中，已经排满了蚂蚁尸体，长约数米。这位游客顺着蚁群看过去，竟然发现了一黄一黑两队蚂蚁纠结在一起的场景，场面极为壮观。

于是，他停下脚步仔细观察，终于了解了真相。原来是黑蚂蚁和黄蚂蚁在争夺山头，那场面看起来相当地血腥。黄黑两种蚁群，各有自己的势力范围，结果因争夺“地盘”，发生了一场惨烈的厮杀。可见这场战争已经持续了数天，因为所战之处，蚂蚁已经“尸横遍野”。令人不可思议的是，蚁群丝毫没有停息的意思，源源不断的有援兵前来助阵。争夺地盘在动物世界里是很普遍的，一山难容二虎，竞争是无处不在的。不管你愿不愿意，都要有自己的地盘才能生存下去，否则只能“人为刀俎，我为鱼肉”，任人宰割。而这就是动物世界里活生生的现实！

有人哭，就有人笑。你保护好了自己的地盘，才会有饭吃，才能活命。否则，你只能忍气吞声、委曲求全，而这样的现象在现实生活中屡见不鲜。谁狠谁就赢，是这个世界普遍的法则。那么怎样才能保护好自己的地盘，主导自己的人生呢？

首先，你必须要界定自己，拿回人生的掌控权。你必须要知道我拥有什么、应该对什么负责，赋予我自由。只有知道自己从哪里开始，又在哪里结束，才有可能明白自己是谁，喜欢做什么、能够做什么，想到哪里去。而不是像无头苍蝇一样到处乱撞，毫无头绪，还会陷入“被动攻击”的泥潭，害人又害己，得不偿失。学会尊重自己和他人的信念、选择、价值观、才能、思想、欲望和爱等个人领域，不在这些方面干涉别人的选择，同时也绝不容许别人在这些方面威胁自己，蒙蔽自己对真理的判断。只有这样，才能界定自己，建立自己的心理疆界，这才是掌控人生的第一步。

其次，你必须充分认识自己，独自面对你自己。正如毕淑敏在《心理7游戏》一书中所言：“一个选择，决定一条道路。一条道路，到达一方土地。一方土地，开始一种生活。一种生活，形成一个命运。”你必须了解自己，当你弄清楚了自己，你也就明白了全世界。陷阱，让你沉陷其中，万劫不复。为了避免这种处境，我们必须要独自面对自己，才可能在生活中做出正确的选择。

再者，你必须要听从自己，这是掌控人生的最高原则。当你不知道该如何做决定时，静下来，完全地静下来，直到你听见自己内心的声音。一个人在面对人生的重大抉择时，最重要的是正确地分析自己，找到最适合自己价值观、兴趣和技能的职业，然后朝着自己的思路顺藤摸瓜，这不仅会改善你的生活，也会让你的生活增加生命力。

很多人认为：在人生规划的过程中，我们只能选择一条所谓的“正确”的路，而且没有再次回头的机会。其实，这种想法是错误的，人生的主导权掌握在自己手里。如果我知道我的院子的范围从何处开始、在何处截止，我就可以在里面自由地活动。对我自己的生活负责任，让我有充分的选择余地。对自己的生命发问，听从你内心的声音，坚持做自己想做的事，这才是掌控人生的最高原则。

命运如同手中的掌纹，无论多曲折，终掌握在自己手中。如果在成长过程中能够一直听从自己内心的声音，做自己真正想做的事，我们不会碰到技能、兴趣和价值观冲突的问题。

虽然无法预测到天灾人祸，但命运却掌握在自己手中，你完全可以通过努力掌握命运，去改变命运。生命的乐章是人用一步步的脚印去谱写而成的，你可以肆意把命运玩弄在股掌之间，随意地挥霍它，但命运也会给你带来惩罚。相反，你好好地把握了生命，你就会得到生命的奖赏，成为生活的主角。

生活不是要求你什么都去争，但也不是要你什么都不去争。一个人应该有点脾气，有点血性，敢于追风踏浪，谱写生命的赞歌。做事的时候，不能什么事都按着别人的思路来，虽说“三人行必有我师焉”，但你也要有自己的主张。从现在起成为生活的主角，主导自己的生活，相信你的生活会因此大放异彩。

7. 不要沦为生存竞争的落伍者

如果把人生比做一个大舞台，那么你我都是舞台上的主角。在生命的溪流中如鱼得水，必须做敢于跳龙门的鲤鱼，不做生存竞争的落伍者。无论实力多么弱小，无论资历多么惨淡，无论时运多么不济，都要逆势而上，在拼搏、争抢中彰显自己的气势、血性和能力。

大千世界，芸芸众生，生来就智慧非凡、能适应社会发展的人毕竟是少数。更多的人是在摸索中前进，通过后天不懈的学习而变得智慧，从而适应了社会的发展，更有甚者引领了社会发展的潮流。这样的人更值得我们褒奖，更值得去学习。

为了在社会中立足，为了生存得更好，任何时候都不能少了进取心，更不能丢了最初的梦想。尤其是面对激烈竞争的时候，一个人要懂得主动迎接挑战，在学习中求进步、求发展，跟上时代的脚步。少了这股劲头，就失去了生存权和话语权，你再处处恭顺也无济于事。

张强已经成家立业了，面对强大的工作压力，他常常感觉力不从心；此外，还要照顾到家人，这给他带来了很大挑战。后来，张强仔细研究了自己的时间分配，决定充分利用业余时间提升自己的生活质量。除了上班时间全心投入工作外，他把自己的业余时间划分为两部分。二分之一时间与家人相聚，一起看电视、聊天、郊游，或者做家务，从而实现了其乐融融的家庭氛围。此外，他还把二分之一的时间用来“充电”学习，补充工作中遇到的知识欠缺，使自己始终跟上专业的发展步伐。这样一来，家人既不会感觉自己缺乏责任感，又能使自己获得长进。

随着双休日及节假日的增多，充分利用闲暇时间、学会利用业余时间已经成为我们面对的一个重要问题。年轻人可能喜欢去休闲的去处，有的人喜欢看电视，有的人喜欢泡吧，有的人喜欢和知己痛快畅饮，有的人喜欢上网冲浪……总之，我们要结合自己的发展目标、人生追求，确定如何利用这些时间，创造更有价值的人生。

在日益竞争激烈的时代背景下，利用好自己的闲暇时间才能成功，已经成为许多人的共识。许多人谈到自己的事业发展，总是说自己没时间、缺乏资金。事实上，他们在思想上缺乏一股闯的决心，以及行动的果敢，所以才虚度了宝贵的时光。面对竞争，没有道理可讲，敢于硬着头皮往前冲的人，才会打开门路，成为赢家。那些逆来顺受的人不敢去竞争，在软弱退让中不断丧失阵地，最后只能听从命运的安排，成为命运的奴隶。

相传，古代有位目不识丁的财主为了使自己的下一代学富五车，特意请了一位老先生到家中教儿子识字。老先生先从最基本的开始教起，他提笔在纸上写了一横，对财主的儿子说：“这是一。”财主的儿子点了点头。他又画了两横，说：“这是二。”最后他画了三横，说：“这是三。”听到这里，财主的儿子按耐不住愉悦的心情，随即就跑到父亲那里说：“我已经全部学会了，以后不必再麻烦老师教我了。”财主很是高兴，就把先生辞退了。老先生很是纳闷，才教了一天怎么可能全部学会呢？但他也没多说什么，拿到钱后就离开了。第二天，财主家里要请一姓万的朋友来作客，财主让儿子写一封请帖。儿子闭门写了半天，还没写完。财主过去探寻，儿子向父亲抱怨道："天下姓氏那么多，干嘛偏偏姓万？我从早晨写到现在，才写了五百多画。"听到这些话，财主哭笑不得。

社会未来的发展是不可预测的，但唯一不变的优势是你要比你的竞争对手学得更好，能够更快地融入社会，不被生存竞争所淘汰。想要紧跟社会发展的潮流，道路只有一条——敢于接受挑战，持续学习。学习的过程是磨炼自己的过程，这样在社会环境发生变化时，你才能充分发挥出优势，引领社会发展的潮流，达到预期的效果。你在学习过程中完善了自己，充实了自己，让自己立于不败之地。

学习让人进步，让人充实，让人博学多才。学到了手，才是真正的成就。学会，是为了迎接下一个新的开始，这样我们才会更加强大、不断变得完美，才能在社会发展中独占鳌头、傲视群雄。

学习知识不可似懂非懂，骄傲自满、自以为是是学习的大敌，会使人走向无知，一知半解最终会使你一事无成，成为生存竞争的失败者、落伍者。

【赢家策略】

有句话说得好："一个聪明人能够拜社会的一切为老师。"众所周知，不断地学习是我们紧跟社会趋势的主要途径之一。向别人学习，更是学习中的一个重要方面，而从周围的人开始学起，则是一种捷径，更是一种"移植"智慧的绝佳方式。智慧是可以移植的，只要肯学习，我们也能成为智慧非凡的人，成为生存竞争的成功者。

“物竞天择，适者生存”，人都是一个个体，有独特的生活方式和行为准则，但无一例外，谁都不想被社会所淘汰。学到了知识、经验就要用出来，一定要亲自实践一番，才能真正体会其中的奥妙。

不要沦为生存竞争的落伍者，“活到老，学到老”，在不断地学习中完善自己。学到的东西就是自己的，只要合理运用，就会成为你人生的利器，帮助你达到人生的巅峰。

第六章

囚徒模型：懂得拒绝别人，随便承诺只能自己吞苦果

上帝让人类心口相连，以便我们开口说心事，然而在现实生活中，有的人说套话、空话、大话……这虽然让自己得到了暂时的爽快，甚至给人留下好说话、好脾气的印象，但是为了信守承诺而做许多不情愿或能力不及的事情，到头来只会让自己吞下苦果。从现在开始，不要再口是心非，别再因好脾气而作茧自缚。

1. 总顺着别人，只能哑巴吃黄连

人类的社会生活往往是由各种圈子组成的，血缘圈、朋友圈、职业圈、同学圈、商业圈……尽管每个人的圈子不同甚至没有任何交集，但实际上却有一个共同点，那就是每个圈子中的人都相互制约、相互影响，多多少少都会对你的生活模式和人生选择有着大大小小的改变。

对于大多数中国人来说，心理疆界是一个非常陌生、非常新鲜的名词。每一个动物或者人，时刻都在尽力保持着自己的两种生存空间：物理空间和心理空间。这种空间与外界的界限，也称作疆界。而对于能够看得见的物理空间而言，我们每个人都有一个看不见摸不到的心理空间，被一道无形的心理疆界环绕着。这道疆界将我们自己与别人隔开，以保持自己的个性空间。

我们的心灵和领土一样，有一道心理疆界，不允许别人在某些方面干涉自己。而在现在的社会中，随意侵犯他人的心理疆界，或是被他人侵犯心理疆界后忍气吞声、委曲求全的例子，可以说是屡见不鲜、不胜枚举，这甚至成为我们日常生活中的一种常态。

就比如，几年不见的朋友让你帮忙做一些事情，虽然你心里很不情

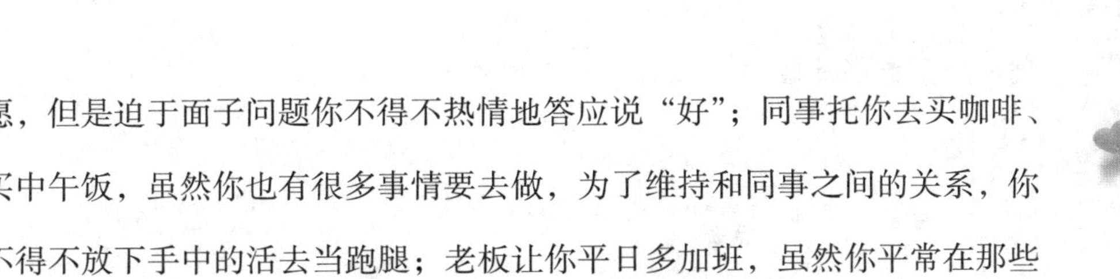

愿，但是迫于面子问题你不得不热情地答应说“好”；同事托你去买咖啡、买中午饭，虽然你也有很多事情要去做，为了维持和同事之间的关系，你不得不放下手中的活去当跑腿；老板让你平日多加班，虽然你平常在那些时间需要去接孩子，去陪家人，但你还是毫不犹豫地说“没问题”。许多时候，我们总是没有勇气拒绝他人的请求，纵使心里再不情愿，自己再忙，也会顺着别人。

可是顺着别人就得到更多的赞许和尊重吗？答案是否定的。开始的时候，别人还会为你帮助他而感动不已，但同时他心里也会形成一种潜在意识：这个人是个“老好人”，从来都不会拒绝别人。于是，当另一个人有事需要别人帮助的时候，他也会告诉那个人说你比较乐于助人，有什么事找你就行了。这样一来，你就为自己找了很多不必要的麻烦。

时间一长，整个圈子都会传你这个人性子懦弱，是一个不折不扣的“软柿子”。慢慢地大家就会把这种帮助看成是一种理所当然，甚至他们会认为你很“好欺负”，继而以后就会对你指手画脚、呼来唤去，绝对不会不好意思。有时候，还会埋怨你没有把答应好的事情做到圆满。这就是一味顺着别人的下场，只能哑巴吃黄连，有苦说不出，落得个出力不讨好的下场。

事实上，一个人应该活得痛快一些，没有必要让自己整天活在别人的世界里，让自己陷入一个被动的地位，这样活得太累了。有些时候，我们顺着别人的意思，想要成就自己乐于助人、宽容大度的高大形象，往往会适得其反，别人会认为你只会干一些琐碎的事，无真正本事。等到你想要施展才能时，没有人会给你任何机会，这也会成为人生中的一大败笔。

生活中，总是顺着别人的人，总是容易受人“欺负”、被贬得一文不值的人；工作中，总是顺着别人的人，总是业绩平平、没有发展的人；交际中，总是顺着别人的人，总是受人冷落、不被重视的人。

那么怎么样才能使自己变得“狠”一点呢？

首先，你必须要建立起自信。有信心的人，总是显得稳健安定、仪态优雅、从容机智；缺乏信心的人，则惶惑畏惧、优柔寡断。如果认识了自己的自我价值、确立了自信，有了积极的自我形象感，别人就会被你的气场所震撼。拥有信心，找到自信，从而使自己的信心更有力量、自己的信念更充实、自己的成功更有把握。

其次，不要过分地在意面子问题。中国有句俗话：“死要面子活受罪。”有些事情都是“不好意思”惹的祸，错误地要面子，会影响个人潜能的发挥和财富的获得。但是，我们也不能全盘否定面子的作用，毕竟适度地讲些面子还是有好处的。适当给别人留面子是尊重他人的表现，也是人际关系的润滑剂。合理地把握好进退，张弛有道，才能让你的形象高大起来。

最后，一定要学会变通。对于一些帮助过自己的人，适度回报一下，在合理的情况下顺着他们也是可以的。要具体问题具体分析，因人而异。世界上没有一件事是理所应当的，你也没有义务一定为某个人奉献自己。但也不能什么事都不帮忙，置身事外。

【赢家策略】

学会说不，拒绝某些人不合理的请求，别总是顺着别人。但这需要勇气，而且也需要智慧，不要管对方是什么样的人，也不要管对方处在什么位置，我们要学会适当的拒绝，学会说“不”，只要这样才能显示出你高贵的品格和永不妥协的原则。

在复杂的社会和交往中不要让自己懦弱，才能让自己活得比较顺利与满足，在交际中找寻自由，才会使得自己不会过于委屈。另外，要学会掌握正确的度，才会让自己游刃有余。

2. 死要面子，等于逼着自己跳入陷阱

著名作家龙应台曾经说过：“人瘦并不可耻，可耻的是把自己的脸打肿了来冒充胖子。”明明只有八两，为了让他人高看一眼，对他刮目相看，不惜打肿脸充胖子，甚至为此编织一个又一个谎言。人在做，天在看，殊不知，现在你所做的一切都需要你日后付出惨重的代价。每个人都时时希望自己倍儿有面子，但假若自己能力不够，为面子逞强去做某些事，这无异于飞蛾扑火，自取灭亡。

今天你的自吹自擂，换来的很可能就是明日的目中无人，从而为以后的生活埋下潜在的隐患。虚荣之心人皆有之，其中，死要面子则是虚荣心的具体表现之一。为了满足自己一时的虚荣心，我们常常会故意夸大或捏造自己工作或生活的某些事实，使之看起来表面风光，以达到引起别人重视的效果。面子就好比是上帝鱼钩上的一块诱人的饵料，一旦咬上便会陷入万劫不复之地。为了一时的面子，陷入虚荣与嫉妒的深渊，赔了夫人又折兵，这是很得不偿失的。一个人不可能不要面子，但又不能够死要面子。死要面子的人，最终却往往会真正丢了面子。

“打肿脸充胖子”实质是为了争一口气，人人都有自尊心，都渴求得

到他人的尊重，这是一种正常的心理现象。可是若只是为了表面上风光，硬撑门面，“打肿脸充胖子”，这种“自尊心”可算是愚蠢到家了。自尊心一旦脱离现实，变成畸形的需求，就会发展成为虚荣心。这就是心理不正常的表现，危害很大，迟早也都会被无限膨胀的自尊心吞噬掉自己的本性与快乐。

面子再好，终究不过是一个金丝鸟笼，外面的人只看到了它表面的华丽，被它一时的风光所迷惑。但千万别为了面子往前跳，因为跳入的必然是陷阱。一味贪图奢侈与虚荣，以此炫耀、争面子，甚至发泄，都是一种病态。有些人哪怕勒紧裤腰带也要讲面子，殊不知外表好看的同时，内里却是怎样的空虚。

古代有一朱姓青年，是个极其爱面子的人。虽说手头不算宽裕，而且有时候难以维持一家子的生计，可他总想在人前“露露脸”，来显示自己很大度，很“有钱”。只要村里一有红白喜事，不要人家特意来请，他绝对会怀揣“红纸包”亲自登门拜访。原来并不厚实的家底哪经得起这番折腾？你说这人算是大方吗？长此以往，家中生活出现了困难，有时连买粮食的钱都拿不出。可他偏偏还要坚持在人眼前打肿脸充胖子，甚至宣称，礼多人不怪，关系就是靠这打下来的。哪怕自己家里的生活再艰难，只要有“处得不错”的人家要嫁闺女、建新房、小孩过生日，他绝对会一如既往地给礼金。他说：“没说的，扒房子、卖家产，也要顾全面子。”

如果你果真富可敌国，钱多得没处放没处花，总想乐善好施，跟别人打好关系，千金散去连眼都不眨，倒也没什么可说的。可是对于有些人来说，情况则完全不同了，本来连自己的日常生活都难以维持下去，或许连老婆孩子都养不了，辛辛苦苦挣钱，到头来都给了别人，这才是真正的傻瓜啊。

古人常说“金刚怒目，不如菩萨低眉”，与其为了争面子而大肆挥霍，反倒不如修炼自己，提升自己的内在修养。世上确实有这样的人，喜欢把明明不值得炫耀的东西当做好东西来认可、吹嘘，也就是自欺欺人。别人有的，自己就要有，好像世界上所有的人生来都是没差异的。

人前风光无限，人后债台高筑，这又是何苦？人活着，就是一切的出发点。不要被要面子搞得身心疲惫，赔了金钱又折身。盲目地吹嘘自己只会把自己变成一个短命的气球，当你越飞越高的时候，就会发现原来自己早已经无从依附，只能够顺着风吹的方向独自飘零，只能接受因为受不了外界的压力而爆破的唯一结果，最终给自己留下一副残破的躯体。

为了摆脱面子问题，逃出面子设下的陷阱，你必须做到以下几点：

首先，学会对他人说“不”。相信有很多人都会认为拒绝别人是一件很不礼貌的事，我们总是没有勇气拒绝他人的请求，纵使心里再不情愿，也会碍于情面答应了对方的要求。我们特别在意别人对自己的看法，认为一旦自己没有答应他人的要求，大家就会对他有看法，认为他自私自利，不懂得互相帮助。其实很多时候，同事的有些忙真的超出了你的能力范围，为了让他们信任你，你不得不“打肿脸充胖子”，而这只能让自己吃苦头。

其次，不可逞一时之气。人都是有自尊心的，所谓的自尊心就是尊重自己的人格、荣誉，不向别人卑躬屈膝，不容别人歧视侮辱，维护自我尊严这样一种自我情感体验。有些人为了维护自己所谓的“自尊”，不惜与别人大打出手，其实这是一种下策，逞了一时之快，结果却往往适得其反。

最后，该低头时要低头。学会低头，这种低头绝不是怯懦，而是一种求生的本能，是对生命的爱惜。巧妙地穿过人生荆棘，它既是人生进步的一种策略和智慧，也是人生立身处世不可缺少的风度和修养。“学会低头”确实是一种人生智慧。当今社会，竞争激烈，压力增大，一味地倔强不低头，难免会四处碰壁。

【赢家策略】

俗话说：“雁过留声，人过留名。”很多人都不想默默无闻地活一辈子，想要出人头地，他们以赢取人们的眼光来获得属于他们的“真正面子”。为了给自己挣足面子，为了解决对自己来说关系重大的事情，哪怕是倾家荡产，砸锅卖铁，也在所不惜。这种“打肿脸充胖子”的做法只会让他们迷失在人生的路上。

每个人都有自己的生活，穷也罢，富也罢，各有各的快乐。如果你把面子问题摆在生活的首要地位，非要展现出一派富豪之家的气势，那你就要付出惨痛的代价了。

3. 人前穷显摆，背地活受罪

李大钊先生曾经告诫后人，“不要套些假面具，把生活神圣的光华遮盖了。”再华丽的外表也不过只是一张面具，处处用假面目示人，又怎能使人真心待你呢？每个人都渴望得到他人的尊重，所以，在集体活动中，我们往往会有意识地去表现自己，进而通过吸引他人崇拜的眼光而得到受人尊重的心理需求，这本无可厚非。但是要是为了维护自己的面子，不惜一切吹嘘自己，夸下海口，进而赢得别人的刮目相看时，这就偏离了你内心的本意。为了一时的面子而撒谎，日后，你就得必须用更多的谎言来圆最初的谎言，紧接着为了避免谎言被戳穿，便只能许下根本实现不了的诺言。

当面子心理作祟时，穷显摆便成为一种时尚。即使在贫困的家庭里，人们一边吃着粗茶淡饭，紧巴巴地过日子，一边还得强颜欢笑，硬去撑脸面，甚至倾其所有也要大摆宴席，宴请那些据说是说上一句话，就可以改变农村现状的“达官显贵”。

古龙先生说过：“越丑的女人越喜欢做怪，越穷的人越喜欢请客。”其实，人前穷显摆，无非是一种欺世盗名，将自己的某些短处隐匿起来，偷梁换柱，以为自己就是有钱人，就是大文学家。毫无节制的折腾，无论属于什么性质，最后必将一败涂地。林语堂先生曾指出，中国人的脸，不但可以洗、可以刮、还可以争、可以留，有时好像争面子是人生的第一要义，甚至可以倾家荡产而为之。

少一点物质的欲望，过简单却高质量、高品位的生活，在不浪费却也不降低生活质量的条件下，用最少的金钱获得内心最大的愉悦和满足，这才是生活的最高境界。

《孟子》里面有这样一个故事：齐国有一个普通人，娶了两个老婆。而这个齐国人有个最大的缺点就是很爱面子，经常在两个老婆面前炫耀自己在外面跟大人物频繁来往。他常常吃得饱饱的，喝得醉醺醺的回家。有一次大老婆忍不住问他：“你平时都跟什么人喝酒？”他洋洋得意地回答：“都是些有钱有势的大官人，你们这些女流之辈不认识！”

大老婆便告诉小老婆，说：“丈夫外出，总是饭饱酒醉地回来；问他同一些什么人吃喝，他说全都是一些有钱有势的。但是，我从来没有见过什么显贵人物到我们家来，我准备偷偷地跟踪他，看他究竟到了些什么地方。”小老婆也很纳闷，从未见过丈夫和什么达官显贵有什么来往，内心不免产生怀疑。于是，小老婆很赞同大老婆的做法。

第二天一大早，丈夫一出门，大老婆便偷偷跟随在丈夫后面。走了很久，几乎把全城都走遍了，大老婆也没发现一个什么显贵的人物站住同她丈夫说话，请她丈夫吃饭。难道今天是个例外？否则她的丈夫怎会每天回家时都是吃饱喝足的？正当大老婆想打道回府时，不知不觉发现自己已经随着丈夫来到了东郊外的墓地。更令大老婆惊讶的是，他看见平日里一本正经的丈夫竟然向一些祭扫坟墓的人讨吃残羹剩饭。而且，吃完后，她的丈夫好像还嫌不够，又东张西望地跑到别处去乞讨。原来他平日吃饱喝足的办法竟是这样。

大老婆随即跑回到家里，泪眼婆娑地把情况告诉小老婆，悲痛地说："丈夫是我们仰望而终身倚靠的人，现在他竟然这样欺骗我们，我们还有什么可以指望他呢!"两人相拥而泣，在家里咒骂着自己的丈夫。但丈夫还不知道他的两个老婆已经知晓了全部的事情，高高兴兴地从外面回来，照常对他的两个老婆颐气指使。

这个齐国男人为了在妻妾面前显示自己的人际好，维护自己的大丈夫尊严，不惜厚着脸皮向祭祀的人讨吃剩饭剩菜，这是何苦呢?

现实生活中整天吹牛、爱显摆的人并非罕见，事实上，他们也是知道诚实人更容易受欢迎。那么，他们为什么甘愿冒着不被人信任的危机而口出狂言呢？究其原因，离不开他们的面子问题。不管我们是否愿意承认，面子都是促使人们频频开出"空头支票"的最直接原因。

"穷显摆"，在某种意义上来说也是维护个人尊严的表现，只不过太极端了一点。实际上，穷显摆的人，是想用表面上的风光来满足自己现实情况下的一无所有，这和虚荣心是相似的。隐藏在虚荣心背后的面子，就像一张纸，禁不住他人手指的轻轻一捅。所以大凡不顾实际能力而去穷显摆的人，在生活中往往只能是"背地活受罪"。

有时穷显摆好像是人们生活的一个重要组成部分，有人甚至愿意倾家荡产也在所不惜。对此，你或许也有一些认识或经历。但是，面子不等于虚荣心，不能"人前穷显摆，背后活受罪"，更不能弄虚作假。有时候，无意间暴露自己的不足，恰恰是给自己争来了面子。

所以，为了避免更多的罪受，第一点，凡事都要量力而行，不要硬充大头。每个人都时时希望自己在人前抬得起头来，但假若自己能力有限，为了逞面子而去做一些自己根本无法完成的事，则是极其愚蠢的。即便你勉强去做，虽然也有可能获得出乎意外的成功，但这种情况几率很低，通常的结果只能是以失败告终。这不仅会消磨掉你的斗志，也会惹来同行们的一些嘲笑，而你的面子，也就随之丧失殆尽了。

第二点，不要去嫉妒他人的优越。有一位作家说："嫉妒者比任何不幸的人更为痛苦，因为别人的幸福和自己的不幸，都将使他痛苦万分。"嫉妒是死爱面子最恶劣的反映。我们之所以会去嫉妒某个人，很大原因在于他受到的赞扬胜过我们自身。所以在面子上觉得很过不去，就产生了极端的嫉妒心理。为了克服这一心理，我们不能太爱面子，要跳出自身的牢笼，对人和善。别人取得了成功，别人获得了幸福，别人一帆风顺，总之别人的一切优越，我们应该为他们高兴。

最后一点，对一些琐碎的小事不要耿耿于怀。如果别人家的茶壶比你的贵的话，你也要去争、要去计较，甚至花大价钱买一个青花瓷当茶壶，这未免就闹大笑话了。

【赢家策略】

穷显摆，是自卑心态的表现，这样的人往往喜欢将各种花哨的空想付之于实践，而他们也要为此付出惨痛的代价。

"面子"应是内心尊严感的真实流露，需要靠真才实学和脚踏实地来共同维护。如果我们在生活中少一些爱面子的现象，自然打肿脸充胖子的事就会大大减少。一个人的时间和精力是有限的，如果我们碍于面子，把视线放在一些无所谓的事情上，不仅胸襟会变狭窄，而且做事也没有规则可言。不要为这些无关紧要的面子浪费时间，你可以把人生中最重要最宝贵的时间用来做点有意义的事。

4. 紧要关头要敢于说“不”

生活中，如果别人请求你的帮助而你又无能为力时，该选择如何去面对？答案很简单，只要鼓起勇气，不顾面子地说“不”，你就能轻松过关了。然而，有些爱面子的人总认为受人之托，必然就要成人之事。可是，有些事情明明就是力不从心，你硬着头皮答应却做不好，很有可能落得里外不是人。与其随便承诺，给人好脾气的印象，何不果断拒绝呢？

一位哲人说得好：“拒绝，就是放弃、抵制、批判错误的东西，与此同时，也就是主张、坚持和弘扬正确的东西。”而敢于说“不”，这不是说你冷酷无情，六亲不认，而是一种对人对己的尊重，是一种为人真实的展现。在拒绝的过程中，你也就能发现并肯定生活的乐趣和美好，更加坚守自己的行事准则，从而使自己的人生得到了升华，行事也就变得坦坦荡荡的。

学着拒绝是你能够帮助自己脱离尴尬困境的唯一方法。因为“拒绝”不仅可以降低你的焦虑，释放你的压力，还能使你有多余的时间去干更有意义的事情，何乐而不为呢？但是千万要切记，拒绝也是要有原则的。拒绝的原则可以分为三类：第一，要拒绝请求的具体内容。第二，拒绝不针对人，而是针对请求。第三，不能由他人代替，必须由“我”亲自拒绝。掌握好了这三种原则，在处理人际关系时，就不会因为拒绝而产生不必要的误会或矛盾。

其实，拒绝也是一门大学问。有些时候，我们心里很不乐意，本想拒绝他人，但是又怕伤到对方的感情，碍于一时的情面就点头答应了。可是，你的生活也因此为自己留下了长久的不快。所以，如果你并非心甘情愿地想要帮助别人，就一定要坚决地摇头“拒绝”。即便你知道拒绝虽然会使对方感到不高兴，但是为了不让自己以后陷入尴尬的境地，应该拒绝的事情，我们就不能犹豫，而要果断地予以拒绝。

虽然，在自我发展的过程中，不可避免地会给他人造成一定的伤害。然而，如果拒绝得当，对方即使被予以拒绝，也不会感到不高兴。正因如此，有些人在受到拒绝的情况下，依然会心情自然；反之，有些人尽管得到了应允，但心情却会显得黯然低落。有的时候你大胆地说出“不”字，不但不会落下不良的后果，反而会给你带来极大的喜悦，这就要看怎样表达“不”，既要拒绝，又要委婉。

当我们感觉自己完全可以自主选择时，人生就会变得更为轻松，就能够挖掘出一切潜力。因此，我们要培养无论任何情况下都能合理做出拒绝的自信心。然而，这种自信感并不会从天而降，只有我们能够掌握有效的拒绝技巧，才能不让自己也不让对方陷入尴尬的境地之中。既然，拒绝技巧是如此重要，那么我们应该如何学到这种拒绝的艺术呢？

首先，哪怕是再近的兄弟，也要明算账，而且要拒绝同事之间的非

常规借贷。中国有句老话叫“亲是亲，财是财，亲兄弟明算账”。只是在很多时候，我们往往会把兄弟情义、姐妹情深放在第一位，从而忽略了借债还钱的道理，而到头来吃亏的只能是自己，不但让你心中不爽，搞不好还会因此伤了大家的和气。而且对有些人来说，你的借款在关键时刻帮助了他，这也够很直接地维系了亲情、增进了友情。但是如果借钱的人仅仅是因为经济上的贫穷，那么你就要坚持“救急不救穷”的原则。毕竟，你辛辛苦苦挣的钱若是这样借给他们，很有可能几年都要不回来，甚至打了水漂。

其次，一定要拒绝别人占用你的工作时间。拒绝的技巧是非常重要的沟通能力之一。和朋友们谈天说地不是不可以，只是需要选择对的时机和地点。如果把宝贵的时间滥用在无聊的瞎扯上，这在一定程度上缩减了自己生命的长度。但是，如果对方执意要求你加入他们的谈话，你直接拒绝的话，只会伤害彼此之间的感情。在这种情况下，你可以选择一种迂回曲折的方法，来达到自己的目的。你可以这样说：“让我考虑一下，然后跟你联络。”适时给自己一个台阶，然后假装去查看时间表。

再者，要坚持“我的生活我做主”，拒绝任何人干涉自己的生活方式。那些干涉你生活方式的人也许他们的出发点都是好的，像你的父母或者朋友，他们都是希望大家的生活能够一帆风顺，如同芝麻开花节节高。因此，在拒绝他们的时候，你可以对他们说：“我知道你们是为了我好，但你们也要让我有自己的一片小天地。或许你们说的方式真的很不错，但是并不适合我。”这一句话，虽委婉，却可以让对方明白你心中所想。

在如今的社会中，吃亏俨然成了我们生活中的一部分。古人常说“吃亏是福”，日常生活中偶尔吃些小亏，也是正常之事。但若是吃亏太多，你就要反思自己，是不是因为你这个人太“好欺负”了，才会使自己习惯性地接受“吃亏”。当然，我们也不能任由自己一直“吃亏”下去，可是，能够尽量避免吃亏、使我们自主掌控人生的方法究竟又是什么呢？没错，它就是拒绝。若想在自己的人生舞台上出演主人翁的角色，我们就必须要变被动为主动，掌握人生的主导权，不要允许自己再对“吃亏”一事逆来顺受，从这一刻我们就要以主人的角色敢于说“不”，敢于拒绝别人。

【赢家策略】

学会拒绝是一项重要的本领。如果你没有这项本领，那么你就会被繁重的要求和任务压得喘不过气来。就这样，你做着自己不愿意做的事，你允许别人不断地利用你，你心中的不满日积月累。有一天，你终于失去了耐心，把积累的怨气一并爆发，可想而知，结果将会非常糟糕。

不会说“不”只会让自己生活得更加累，什么事情都加在自己身上，会把自己压得无法呼吸。何不对自己好一点，那就先学会如何拒绝别人吧。当遇到别人的请求时，不要急着答应下来，给自己留点考虑的时间，再做决定。千万不要为自己的拒绝感到内疚，拒绝别人是你的权利，而有时被拒绝对对方来说是很重要的，使他们更有自制力，这是成人社会中不可缺少的。

学会说“不”，不愿意就不要轻易答应，现在的社会人老实了，别人不会认为你实在，而会认为你傻，会吃亏的。做回你自己，要明确什么是你真正想要的，更好地认识自己，找出什么是你生活必需的，从容地做出决定，学会大胆地拒绝别人。

5．交际术：见什么人说什么话

俗话说，“良言一句三冬暖，恶语伤人六月寒”，千万别小看语言的力量。一句话能让好朋友反目成仇人，也能让宿敌冰释前嫌成为朋友，关键就看我们怎么说、说什么了。要想与人交流、与人沟通，首先就要掌握一门说话的艺术，这已经成为一种最起码的生活本领。一味地迎合他人，而不能在关键时刻说狠话，这种好脾气会坏了大事。因此，见什么人说什么话，并把握交谈的情境是沟通的基本原则。

在社会圈子里混，不一定要求我们见到谁都要弯下腰来，像只小猫咪，而是用我们的语言去打动别人，赢得他人的尊重。俗话说得好，“见人说人话，见鬼说鬼话”，唯有学会投其所好，才能在朋友圈子、社交圈子里如鱼得水，挖到梦寐以求的宝藏。跟别人说话，要先弄清楚对方的性格特点。如果对方喜欢委婉地交谈，你就应该说得含蓄一点儿，让对方喜欢上你营造的平和气氛；如果对方喜欢简单直率的，你就应该说得爽快些，一针见血，千万不要拖泥带水；对方崇尚学问，知识渊博，你就应该说得富有哲理些，让他愿意与你交谈；对方喜欢谈论琐事，你就应该说得通俗易懂些，不要总是引经据典，拆对方的台。

总之，说话方式与对方个性相符，以迎合对方的心理，从而博得对方的好感，这样对方才会和你的观点不谋而合。只有这样，才有可能达到自己的目的。有些人往往把这种灵活的交谈方式看成是见风使舵或曲意奉承，其实这是一种错误的观点。有的人说话不分对象、不分场合，心里想什么就说什么，完全不关心谈话对方的想法。正所谓“说者无心，听者有意”，你这样就会在不知不觉中得罪了许多人，甚至还会为你以后的发展埋下潜在的隐患，给自己制造很多不必要的麻烦，还有可能会造成一些无法挽同的损失。

有句古话说得好，“到什么山上唱什么歌。”这句话用在说话上也是在说这个道理：说话要因人而异。你要善于根据说话对象的不同，把握不同的交流契机，采取不同的表达方式。这样，对方才会更快地融入你的说话氛围中。否则，对方就会故意否定你的想法，只因为你说话方式不够到位，在某一程度上伤害了他的自尊心。这样容易制造对立，带来麻烦。而且，一传十、十传百，你不会说话的名声也就弄得人尽皆知了，日后谁还愿意与你一起共事。

事实上，一点儿都不懂得人情世故，情商过低，很有可能在无意识中得罪他人，更别说赢得他人好感了。小张是一个情商极高的人，最近他又迎来了事业的又一个高峰，原本只是县城一个小小的科长的他被任命为市里某局的局长。他深深明白，这都是得益于老上级对他的提拔，才使得他能够在短短几年从一个小小的公务员当上位高权重的领导。为了表示对老上级的感谢，在上任前，他特地提着老上级最喜欢的茅台酒和酥鱼去和他告别。两人边吃边聊，中间，老上级怕小张难以适应新的环境，特地叮嘱：“小张啊，市区的人都精明着呢，可不比咱们这小县城的民风淳朴。千万要记住，不管人前人后都要小心说话，小心办事，别惹出什么麻烦来毁了自己的一生啊。”面对老上级的提醒，小张自然感激万分，但为了让老上级放心自己，小张随即说道：“您老就放心吧，不用担心我。其实我早就准备好了一百顶高帽，碰到一个人就送给他一顶，对他好言一番，这样还会留下一个好印象，不仅不会得罪人，哪里还谈得上惹上大麻烦呢?”

老上级平日就看不惯官场里的阿谀奉承和乌烟瘴气，因此对自己和下属要求都很严格，克己奉公，兢兢业业。听完小张的计策后，气不打一处来，随即严厉地呵斥道：“做官讲究的是一身正气，两袖清风。你这么没原则，没骨气，怎么能把事情做好？你的下属和人民如何信任你，放心地让你主持大局?”看到老上级生气了，面对老上级的严厉批评，小张依旧恭恭敬敬，并没有丝毫反驳，而是微笑地回答道：“您老说的话很对，可是如今这官场上，哪还有像您这样一身浩然正气，真正为人民谋求福利的人呢？我会学习您的精神，但也要先适应了新的环境才行啊。您想想，我一个新人，人生地不熟的，如果不先打好关系怎么长久地发展呢？更别说向您一样建功立业了。”

而就是这么简单的几句话，让老上级化戾气为祥和，继续和小张谈笑风生，甚至忘记了先前的不愉快。小张心中不免发出一阵感叹，即便是像老上级这样正直严肃的人，只要不涉及金钱利益的时候，都喜欢听好话，更何况是那些普普通通的人呢？不管男人女人，还是老人小孩，谁都喜欢听好话、爱面子，而这是人骨子里的一种本性。

不久后，小张新官上任。在一个完全陌生的工作环境，很快融入到陌生的工作同事之中那是很难的。不过小张却用了很短的时间完成了这一时期的过渡。无论是给领导汇报工作，还是和同级官员参加会议，他都始终坚持着一个原则，那就是“宁说十句软话也绝不说一句恶语”，宁肯有时候自己下不来台，也要给他人留足面子。即便是在管理自己的下属时，他也是笑容满面，不和下属们针锋相对。正是靠着这一点，升任局长的小张赢得了大家的一致好评，在新的工作岗位上如鱼得水，游刃有余。

每个人，都应该掌握与不同对象谈话的技巧，这样才能在人生的道路上越走越顺。首先，如果你和一个地位高于自己的人谈话。你就应该保持鲜明的个性，坚持独立思考的精神，不做一个“应声虫”。其次，在与长辈谈话时，你应保持谦虚恭敬的态度。一般，长辈在教育晚辈时，常常会说：“我走过的桥比你走过的路还多。”这其中有一定的道理，长辈的社会经验要比后辈丰富得多，即便他们接受的新知识可能比后辈少。可是无论怎样，他们是老人，需要我们保持谦虚的态度。再者，与后辈谈话时，你应该保持沉着、稳重的态度，千万不要降低身份，为了和他们有话可说，特意说一些他们很感兴趣的事，你要时时刻刻表现出一个前辈该有的大度和睿智。

【赢家策略】

俗话说，“一根筷子易折断，一把筷子坚如铁。”一个人要想获得成功，光凭一己之力是远远不行的。你必须要有一种凝聚力，能够把周边的资源、人力都调动起来，借助众人的力量从而达到自己的目的。如果你渴望成功，那么，从现在起学会说话技巧吧。见人说人话，见鬼说鬼话，唯有学会投其所好，才能在竞争中如虎添翼。

为了维护面子，为了保住尊严，有些人总是摆出一副有求必应的姿态。这虽然为你赢得了好人缘，也给人留下好脾气的印象，但是不善于在必要的时候硬起来，不敢于拒绝他人，只会让自己陷入困局。由此看来，说话的关键不在于总是说好话，而是根据情境决定讲话的策略、语气，最终说对话、办对事。

6. 掌握拒绝他人的艺术

王家卫电影里有一句经典的台词："要想不被别人拒绝，你最好先拒绝别人。"在人际交往中，不管你有多大能耐，都不可能什么事都答应别人。一味地逢迎、妥协、逆来顺受并不会得到别人的尊重，反而会让别人看轻你。

其实，"不"与"是"，在人际关系语言中情同手足，它们有时候会因一件大事和平相处，握手言和；但有时候也会因一件芝麻大的小事反目成仇，打得头破血流。这就需要你在人际交往中适当地掌握拒绝他人的艺术，只要你拒绝得当，拒绝得言之有理，不但不会得罪对方，破坏你们之间的感情，还会让对方对你刮目相看，尊重你，使你们的关系更亲近。

一次，小王跟一位女客户谈生意。席间，这位女客户突然问小王："你觉得我长得漂亮吗？"其实，这位女客户长得也算是一般，但若是小王直接说女客户长相普通，会在这位女客户心中留下不好的印象，而且也会伤害她的自尊心。即便这次合作谈成功了，那么以后，这位女客户也就不愿意跟小王再合作了。于是小王回答道："漂亮只是人们对普通人外貌的直接评价。依我个人的眼光来看，你散发出来的魅力是内外的结合，你的美丽、你的气质更令我无法拒绝。"这么一说，这位女客户心花怒放，与小王的合作也是铁板钉钉之事。从小王的话中不难看出，小王并没有觉得女客户真有沉鱼落雁之容，闭月羞花之貌，但小王巧妙地避开了这一点，运用语言艺术使女客户心花怒放。

同样的一张嘴，同样的一个拒绝，有人能利用它创造出成功，打造出良好的人际关系，也有人因为不合适的拒绝而招来不必要的麻烦，惹一身祸端，而这一切都由各人掌握。但若真因为一句话毁了双方的感情，这也太不划算了。

孔融的死亡就是一个很好的反面教材。相传三国时候的孔融是个人才，不仅为人正直而且说话做事从不掺假。但孔融却是历史上一个悲剧人物，他平日看不惯达官显贵的作风，处处与这些贵人作对，当然其中也包括曹操。孔融败就败在，不该说"不"时也说不，最终把自己的脑袋丢了。

一直以来，曹操的许多政策都遭到孔融的反对。比如说在官渡之战前夕，曹操为了稳定民心，下令说，再不追究建安五年前的诽谤言论，但如果之后再有诽谤，扰乱民心者，"以其罪罚之"，一概重罪处理。可是，孔融完全不把曹操的话放在耳边，左耳朵进右耳朵出，恃才傲物，根本不理睬曹操的政令，照样口无遮拦。这一举动使得曹操对孔融甚是不满。

后来，官渡之战打起来了。为了节约粮食，为前方部队提供物质帮助，支持战争，曹操下令颁布了禁酒令，命令朝廷官员一概不准饮酒。然而，孔融又与曹操对着干，自己喝酒就算了，还写了一篇讲饮酒有益的文章，邀请众多同僚一起饮酒作乐。这使得曹操对孔融大为不满，但碍于孔融的才华，并没有处置孔融。可是，到了后来，孔融却变本加厉，还当着孙权使者的面，当众诽谤曹操，使曹操颜面扫地。孔融三番两次挑战曹操的底线，终于曹操对孔融下了杀心。于是，曹操盛怒之下以莫须有的罪名，找个借口把孔融杀了。

委婉地说“不”，且在拒绝后坦诚相见，婉转地告诉他们你的理由，寻求他们的谅解，才是高明的做法。但是如果一句话也不说，势必会引起对方的误解，对方也许会怀疑你根本就不想帮助他，而不是你没有能力。

一位朋友曾说“生平最不愿意做的事情就是拒绝别人”。是的，我们中国人讲究“仁义”，讲究“朋友有难，理应拔刀相助”。乐于助人，没错，这是做人的根本。可是，当被狐朋狗友、酒肉朋友日日纠缠之时，你能让自己不和他们同流合污吗？当你被所谓的“前辈”呼来唤去，指手画脚，你好意思拒绝吗？当你面对不断让你加班，而且没有加班费的老板，你会说“不”吗？当自己获得一时的成功或遭受失败的时候，你能够控制好自己，拒绝自己出现过激的行为和情绪吗？

也许你会摇着头说：“这些太难了！人在江湖，身不由己。有很多事情根本就没办法拒绝。”那么，我要告诉你，你这种认识错了。只要掌握了拒绝的艺术，想要拒绝这些难题的侵扰并非不可能。拒绝的艺术分三部曲走。

首先，你必须认真地听取别人的诉求。哪怕你已经决定拒绝对方了，但在此之前，必须要先注意倾听他人的困难。你可以请对方把面临的艰难处境与需要什么样的帮助仔细地说明一下，最好讲得清楚一些。这样，你自己才能衡量自己的力量能否帮他。聆听，能让对方有种被人尊重的感觉，虽然你委婉地拒绝了他，却能避免伤害他的感觉。但如果你听也不听，或者在听时想别的事情，对方只会觉得你在敷衍了事。

其次，你必须要温和坚定地说“不”，切忌模棱两可。如果你无法帮助别人，你就应该温和坚定地说“不”，既要委婉，但也要把拒绝的答案传递给对方，不能让对方产生你会帮助他的错觉。而且你的语气一定要诚恳，必须要向他说明你的苦衷。当你仔细倾听了对方的请求，但自己却无能为力，认为自己应该拒绝的时候，必须要温和坚定地说“不”。

最后，尽管你已经拒绝了对方，但在以后一定要表达你对他的关心。你千万不要认为一句拒绝的话就完事了，之后跟这件事再也没有关系了。这样做的话，只会让别人觉得你这人没有同情心。其实，拒绝本来就是一件伤害别人的事情，而在事后给予对方一些关心，从对方来讲，能大大减少这种伤害，还能够起到安慰对方的作用，不至于让对方陷入孤立无援的境地。

【赢家策略】

在某些特定的场合下，因为要顾及面子、自尊等，直接拒绝别人就会令人尴尬，伤人自尊。但是又不能让你自己陷入泥淖之中，这种时候就需要转着弯儿说话了，说的话既能够让人觉得顺耳，又能够让人欣然接受。得罪人的事或者不好听的话，要尽量绕弯子地让对方明白。

拒绝是一门艺术。在面对对方的百般请求，能够做到既不伤对方的自尊，也不让自己为难，才可以称之为完美的拒绝之术。巧妙地拒绝各种不合理的要求，才能够在职场和生活中游刃有余，如鱼得水，让各种烦恼和麻烦从此远离自己。

7. 说个善意的谎言，既保全了里子也不失面子

在社会交往过程中，谁都不喜欢被拒绝，也不愿意拒绝他人，这是一种自尊心、爱面子心理在作祟。很多人认为被别人拒绝是一件很丢脸、很没面子的事情，而且还会让自己难堪，下不来台。拒绝他人是一种很不礼貌的行为，但你自己的能力毕竟是有限的，根本不可能什么事情都做到让人满意。你是不是总会觉得，如果你拒绝了对方，对方就会对你产生偏见甚至还会因此厌恶你呢？想帮忙，却力不从心，又不好意思拒绝别人，如此纠结的心理使得一些人会因此患上社交恐惧症。

可是，谁也不是神仙，不能永远都做到对别人总是有求必应，倾其所有也要答应对方不切实际的要求。所以，在生活中，拒绝对方就成了一件不可避免的事情，那么既然拒绝是难免的，我们为何为了维持两人关系，逼着自己去完成别人的要求呢？其实，我们真正要做的是把拒绝对方所造成的不良影响想办法降到最低。那么问题来了，我们怎样才能既巧妙地拒绝了对方，又能不伤害两人彼此的情感呢？

其实，在生活中，那些说话很直接的人往往并不招人喜欢，即便他们有再合适不过的理由，但由于说话不留情面，太直接，太伤人，所以经常得罪人，谁还会喜欢听你的解释呢？这时候，一个善意的谎言就可以把你从尴尬中拯救出来。一个善意的谎言既给对方留足了面子，又巧妙地表达了自己的拒绝之意，实为一石二鸟之计。有人认为，“善意的谎言毕竟也是谎言，没有一个人会忍受欺骗自己的人，哪怕是出于好意”。但实际上，谎言是另外一种真实，善意的谎言在某一程度上解释了你的困境，这也是一种人际交往的技巧，一种说话的艺术。所以说，在必要时可适当地撒一个善意的谎言，既可以解救自己，也可以安慰别人。

张明是一家大型机械制造厂的生产管理员，别看年纪轻轻，却有着一份不错的收入。这和张明的性格有极大的关系，他平日喜欢四处交朋友，人缘不错，自然而然地也就为公司拉了好几个大单子，深得总经理的青睐。前不久，张明接到好朋友的电话，说是几个老朋友准备一块聚聚。张明平日就喜欢这种联络感情的聚会，怎么会错过了，于是他毫不犹豫地在电话里就答应了。

约定的时间不知不觉到了，张明早早就到达了聚餐的地点。几个老朋友一阵寒暄过后，开始边吃边聊，聊得热火朝天。一个老同学知道张明是一家机械制造厂的生产管理员，而他正好需要一些小型机械。席间，这位老同学问张明：“我现在正需要一批小型机械，你看看如果从你们厂里买，能不能走出厂价，降一些价格。”老同学的直接请求令张明不知所措，自己在机械厂担当生产管理员，怎么管得了销售方面的事呢？可老同学一脸期待，任是谁都无法直接拒绝，而且没有任何表示就这样直接拒绝显得自己太不会做人了。短时间的思索后，小张决定先拖住老同学，回答道："你需要什么型号的机械，需要多少，我先记一下，回头我去问问。"

马上，张明很认真地把老同学需要的机械型号和数量记到了笔记本上。老同学一看张明如此竭尽全力，当即觉得十分高兴，并承诺，以后不管是在事业上还是生活上，只要张明开口，自己一定会出手相助。几天过去了，张明并没有接到老同学的电话，怕对方忘了这件事就直接打电话给对方。张明告诉老同学，自己为了这事专门请销售部的领导吃饭，可是上级不发话，自己也没法做主。虽然老同学得知事情没有办成，但却没有怪罪张明，觉得自己给张明添了不少麻烦，还专门登门拜访表达了自己的歉意。

张明是一个精明人，靠着一个善意的谎言不仅展现了自己甘愿为朋友两肋插刀的勇气，还使得老同学更加信任自己。如果当初想也不想直接拒绝了老同学，对方会认为张明不愿意帮忙，故意打他的脸，给自己难堪。

善意的谎言并非真正意义上的谎言，是一块彼此都心照不宣的"遮羞布"，很好地保全了对方的面子，使对方明白你的真实意图。善意的谎言也是一种委婉地表达拒绝的方式，这不是世风日下，而是对对方的尊重。如果能够巧妙地运用这种善意的谎言，那么，必然会在社会交往中如鱼得水，游刃有余。

古代孙子兵法中常讲"以退为进"，这用在人际交往中是最好不过的了。我们谁也不是造物主，无法对每一个人的请求都做到有求必应。但拒绝别人也要讲究方法，圆滑的人懂得拒绝的技巧，他们通常会先绕一个圈子，给他们一个台阶下后，再想一个善意的谎言拒绝对方，这才是为人处世的最高境界。孔子也曾经告诫我们“己所不欲勿施于人”，要想不被拒绝，首先就要学会接受他人的请求而不是拒绝。

实际上，只要在合适的时候说一句善意的谎言，你就能够摆脱困境。所以，为什么不改变一下自己的为人处世风格呢？

不要因为面子和不好意思而放弃拒绝别人，但拒绝一定要讲究方式方法，贸然直接的拒绝往往会被视为一种轻视，从而埋下日后关系破裂的隐患。一旦心生嫌隙，那么，再好的关系也会走向破裂，只不过是时间早晚的问题。

【赢家策略】

拒绝是一门艺术。巧妙地拒绝各种不合理的要求，才能够在职场和生活中游刃有余，如鱼得水，让各种烦恼和不愉快从此远离自己。

善意的谎言是美丽的，这种谎言不是欺骗不是居心叵测。当我们为了他人的利益撒一个小谎拒绝他人时，谎言即变为理解、尊重和宽容，甚至是给对方一个诚意。它具有一种神奇的力量，没有任何的恶意。善意的谎言也是一种委婉地表达拒绝的方式，这不是道德低下，也不是天马行空，而是在拒绝别人之际表达出对对方的尊重。巧妙地运用这种善意的谎言，那么，必然会在社会交往中如虎添翼。

第七章

狼性生存：想成大事必须挺起胸膛，硬起心肠

“残酷”，是这个世界的根本特征之一。许多时候，你好心好意对待他人，想用好脾气与之建立信任、合作关系，未必会得到对方的善意。事实上，在人性的丛林里，想成大事必须摒弃“妇人之仁”，唯有挺起胸膛、硬起心肠，才能打开局面，成就一番事业。

1. 想成功就必须对自己狠一点

生活中，即便你对自己没有过高的要求，不求得做人上人，只想着吃饱喝足，现实的社会也会促使你去奋斗。试想，看到身边的朋友个个混得比你好，个个都是腰缠万贯，你能不焦虑，只是把生活停留在小康生活吗？看到不被看好的同事后来居上，一跃成为你的上司，你还能按耐住自己的内心吗？你能不纠结吗？面对这种情况，也可以说是天差地别的对待，任何一个人都无法轻松说出“我不在乎，我自己过得比他们好”，这样说的怕是自欺欺人罢了。因为，真正看破红尘没有那么容易，尤其还是在竞争日趋激烈的现代社会。

人生之事十有八九不如意，社会的不公平，生活的不顺利，感情的太多波折，我们面临的打击会有很多。但每天的太阳会照常升起，日子照样要过，唯有对自己狠一点——严格要求，彻底执行，拼搏进取，永不放弃，才能柳暗花明，迎来人生的别样洞天。

曾国藩是晚清重臣，湘军的创立者和统帅，是战略家、政治家。毛泽东曾以“愚意所谓本源者，倡学而已矣。惟学如基础，今人无学，故基础不厚，时惧倾圮。愚于近人，独服曾文正，观其收拾洪杨一役，完满无缺。使以今人易其位，其能如彼之完满乎？”来表达他对曾国藩的敬佩之情。确实，在曾国藩的一生中有很多值得我们借鉴和学习的地方。在他刚开始征剿太平军时，一再遭遇失败。作为一军之主，面对损兵折将的失败局面，心中的失落感与紧迫感是常人难以体会的。作为将军，他不能让千百战士白白牺牲，也不能辜负了天子的重托。甚至在安庆之战失败时，他一度想到了投湖自尽。但是任凭压力有多大，眼前的战局有多险，理性告诉他，不能就此认输，他选择了勇敢面对，并继续肩负重任。他在给咸丰皇帝的奏折中写道：“呈屡战屡败，屡败屡战。”此时，他立下了必胜的誓言，那样的雄心与胆量也是无人能敌的，最后胜利仍属于了他。

曾国藩是将军，但我们作为普通人，生活中也会遇到同样的不如意时刻。只有对自己拔高要求，挺过去，才能通过考验，去赢得胜利的果实。要是曾国藩因一次的失败而消沉、颓废，国家的重托和一世英名都将随着散尽。所以无论我们面对多大的困难，经受着多么残酷的精神折磨，我们也没有理由去放弃自己。

要是我们徒有一副软心肠、一把软骨头，在人世间行走，会让我们的人生失去很多。我们需要改变自己，需要对自己狠一点，以更加凌厉的姿态出现在世人面前，展示个人的风格。一个对自己不够狠的人，在暴风雨来临之际，无法迎接暴风雨的洗礼，更不可能越挫越勇，成就一世英名。

许多苦难只要你一狠心就熬过来了，不经历风雨怎么见彩虹，没有人能随随便便成功。只要凭借这股狠劲儿，你就会像风筝一样逆风而上，比别人提前了解到社会的真实情况，在人生的博弈中占据有利位置。“对自己狠一点儿”，这其实是一个成功人士的内心独白，你就要有担当，对社会、对家庭、对自己有一种责任，正所谓“穷则独善其身，达则兼济天下”。

作为学生，从小学到初中、高中，很多时候书本里的知识是我们生活的全部。解了一道数学应用题，背完一篇英语课文，都会让我们感觉收获颇多。所以，我们的青春时光都留在了校园生活，没能去接触社会。但学习知识最终的目的是为了运用，没有跨出那一步，一切都只是腐烂在心间的废渣。每个人面试前都会有恐惧，总觉得自己会面对不了，各种局促不安。但那个时候，我们不能由着自己，让不敢面对的胆怯阻止了自己进一步的争取。我们不能再惯着自己的胆小而失去了去尝试和锻炼的机会。只有战胜自己心理的障碍，去面试了，才能把多年的学习成果进行完美的转型，成就自己，造福家人，为祖国的建设作出自己的贡献。

当然，这只是其中的一个例子，生活中我们会经常遇到这样的“面试”。我们只有对自己“狠”些了，克服了那一时的消极情绪，才能去突破和进步。很多的事情都是这样，开始的压力都会让人无所适从。但是当你经受住那一时的压力，事情就会在多次的练习后变得熟悉，并让我们了解其中的运作规律和处理技巧。时间长了，我们能担起家庭的重担，负起企业生死存亡的重任。有一天，你会发现生活的压力一直再增加，但你却没有了最初的胆怯和手足无措。这就是对自己要求高，做到不断突破的成果。

正如中国人的气运观所讲：“时势造英雄，英雄促时势。”当你接受自己，迈入社会的那一刻开始，就注定了一生的不平凡。父母望子成龙，希望你有更大的成就，这样他们面上也会有光；孩子期望自己有一个成功的榜样；而你自己内心深处，则企盼着事业有成，在社会舞台上有一席之地。这是世间你最亲的人包括自己对自己的期望，我们没有理由不去坚持和努力，更没有理由被那一时的困难给吓住，从而停滞不前。

成功学家拿破仑·希尔说：“想办法才会有办法。当你真正经过一番努力奋斗后，你就知道所谓‘难’，其实只是自己的‘心灵桎梏’。只要不断努力，开发的潜能就会越来越大。努力不够，你当然不知道自己的潜能到底有多大。”许多情况下，你混得不如别人，不是你没有能力，而是你缺乏承受的勇气，你还没有将自身的潜力开发出来，甚至有时候压力还没有加到身上，你就已经选择先躺下了。

莎士比亚说：“工作就如舞台上的一场戏剧，你永远不会知道有谁正在一旁倾听，注视着你的一言一行。”你不能推卸自己应该承担的责任，绝不能找一些不合理的理由为自己开脱。在历练中增长才干、在累积中增加经验，对自己狠一些。宇宙如此渺茫，作为人，我们只有一次生的机会，生命如此宝贵。生命旅途中，自我们出生，时间每过一秒，我们就离生命的终点更近了一些，我们没有理由不珍惜拥有的分分秒秒。人的一生就该去创造更多的价值，我们需要不断进步，不断突破。所以，无论面对多大的压力，不能放弃，挺过去了你就会发现自己的潜能无限。要树立自信，相信坚持努力是通往成功的唯一途径。要学会淡定，不能因一时的失败而过分焦虑，消极的情绪是会恶性循环的。我们要学会分析事情的近况，看到胜利的曙光，早些灭了坏情绪的一再骚扰。面对困难，少一些埋怨，多做些努力。

花盆里长不出参天松，庭院里练不出千里马。对自己不够“狠”的

人，无法迎接暴风雨的洗礼，在困境面前会变得一无是处。许多事情，咬咬牙，一跺脚，狠下心来就成功了，千万不要使自己过于安逸。毕竟人的价值不在于享受安逸的生活，而在于创造，多一些风浪、多一些考验，人生会更精彩。

2. 关键时刻秀出你的狠功夫

中国有句至理名言，“对敌人仁慈，就是对自己残忍”。所以，但凡敏感的聪明人，都会选择“先下手为强”，避免“后下手遭殃”的危险。“先下手为强”就是一种先机，“先下手为强”是一种驭之有道，“先下手为强”是一种勇之有方。敌未动之时，你已经占尽了先机，这样你才会比对方更拥有优势，才能打败自己的竞争对手。行军打仗是这样，与人交往也是这样，掌控先机是制胜关键。

在危急时刻，有时候会涉及到我们的安危，关键时刻秀出你的狠功夫可以使我们生命不受威胁，从而更好地保护自己。古往今来，有大作为之人必定会为了抢占先机，不受制于人，做出大的动作，直至把主导权掌握在手中。他会先人一步，预测事态的发展趋势，找准正确的方向，一抓即准，然后就掌握了做事的主动权，成功的几率也就更大了。

我们在工作中、在生活上难免会有得罪他人之处，如果得罪的是一个君子，好好跟他交流一下，照样可以大事化小、小事化无。但如果被你得罪的是“小人”之辈，你不得不防他在上司或者别人面前进你的谗言。你就得要竖起耳朵，随时准备将他一军，让他无招架之力。

当年，汉景帝任命晁错为内史，晁错也不负众望提出过许多有建设性的建议，很受景帝信任，人民也很爱戴他。但是无意中也就得罪了好多人，触犯了他们的利益，其中就包括丞相申屠嘉。申屠嘉对晁错很是不满，一直在伺机构陷，想要报复晁错。只要晁错一犯什么小错误，申屠嘉就大做文章，希望把他打垮。有一次，晁错在府邸矮墙的南面开了两个门。本来这件事是一件人之常情的事，可申屠嘉却借此大做文章，状告晁错擅凿庙墙为门，这是对神灵不尊重，奏请皇上杀晁错的头。

申屠嘉的图谋传到晁错那儿后，晁错赶到申屠嘉之前，“先下手为强”，避免申屠嘉的“恶人先告状”，将真实情况报告了汉景帝，汉景帝也表示谅解。待到申屠嘉告状时，汉景帝只轻描淡写地说了一句“不是高墙，是庙外空地上的矮墙”，便否决了申屠嘉的小报告。晁错的精明使他躲过了一次谗言的灾祸，汉景帝也对他更加信任了。

小人谗言关头，先下手抢占先机，可免受流言诽谤之苦。

这同样也是发生在汉朝时期的事情。西汉时期，班超接受汉明帝的任命，带领三十六人出使西域。一开始，他们到达鄯善国，这里的国王十分好客，对他们热情招待，班超觉得与鄯善国建交指日可待。但是，没过多久，班超立即意识到情况有变：鄯善国的国王对他们冷淡起来了，而且好多下人都不再听他们使唤。班超觉得肯定是匈奴的使节来了，所以才使鄯善王犹豫不决。一番调查后，果真如此，班超思前想后，心生一计。

第二天，班超把负责招待的胡人叫进来，刺探他说："匈奴使节来了几天?"对方非常害怕，就如实回答："已经来了三天了。""那么现在住在哪里?"班超乘胜追击。"住在离这里三十里的地方。"迫于班超的势力，负责招待的胡人吐露出实情。

知己知彼，百战百殆，了解到敌情，班超开始对带来的那三十六个人做动员工作："我们奉命来到这个绝险的地方，为了两国的交情，不惜葬身火海。可如今面对着匈奴使节的威胁，鄯善王对我们如此冷淡，情况不妙啊。而且，我们只有三十六个人，对方却有百人，如果鄯善王把我们抓起来交给匈奴，大家只能葬身于此，尸骨无存啊。"

班超接着不急不慢地说："现在只有一个办法：先下手为强，后下手遭殃。我们只有乘着夜色对匈奴使者发起火攻，让对方不知道我们来了多少人，才能取得胜利，把他们一网打尽。这样一来，我们就能震慑到鄯善王，大功告成，完成使命。"大家纷纷表示赞成。

就这样，班超趁天黑率领大家来到匈奴使者的住地。偏偏天时地利人和三样，班超一行人都占齐了。这时刮起了大风，班超顺风放火，其他人配合风势擂鼓大叫，四处乱跑，做出声势浩大的样子，结果以少胜多，一举全歼了一百多匈奴人。第二天，班超把事情告诉了鄯善王，对方自知理亏，又畏惧西汉的实力，正不知如何是好。到了这种地步，班超也没有理由再恐吓鄯善王了，于是顺水推舟，安慰对方说："从今以后，请你不要再跟匈奴友好，我们自然会与你结为友善的邻邦。"就这样，鄯善王表示愿意归顺汉朝。

班超审时度势，尽管他们在人数上占据不利地位，但他善于运用行军之道，先下手为强，斩杀了匈奴使节。这样一来，促使鄯善王归顺汉朝，也因此换来了西域五十多座城池长达百年的安宁。班超的成功无非在于他善于抢占先机，把自主权充分地掌握在自己手中，化被动为主动，打了一场漂亮的仗。

对于命运来说，你没有其他选择：要么被人掌控，要么掌控自己。你不应该亦步亦趋，而是可以引导潮流的。别等着别人给，记得要去争，我们的地盘应该掌握在我们的手中，人生的主动权必须要掌握在我们手中。你人生的主角只能是你自己，对侵入你地盘的人，关键时刻秀出你的狠功夫，下狠手铲除，这样才能成为生活的强者。

做一个有心机的人，学会先人一步，掌握做事的主动权，必要时秀出你的狠功夫，让对方尝尝你的厉害。只有如此，你才能打败自己的竞争对手，你才会占据足够多的优势，才能赢得最后的胜利。

3. “妇人之仁”的风险和代价

女人的特点之一是心特别柔软，她们容易被外界事物所感动，然后做出很不理性、很没有原则的决定。一般来说，当孩子犯错流着眼泪时，通常男人会选择置之不理，让孩子自己去承担他们所犯的错误；而女人都会抱着他、哄着他，继而原谅他犯的错误，不管孩子本身犯了多大的错，这时候女人的意志容易受到情绪的影响而动摇。因此人们便将有这种特性的爱称之为“妇人之仁”。

这种特性的爱在有孩子的女人身上尤其明显，因为她们全身的血液中流着一种母性的爱。但同时也会成为别人利用她们的工具，在眼泪、温情、请求、孩子似的无辜与可怜之下，这些女人常常是非不分，甚至把自己变成最大的受害者也要尽可能地去维护别人的利益。这种“妇人之仁”有时显得很没原则，很不理性，甚至没有是非标准。

古往今来，儿女情长，英雄气短。一个人不应该有“妇人之仁”的时候表现出了“温情”，那么这会成为你的致命弱点，被他人利用。试想，如果你宽宏了一个人的恶行，你认为你的“妇人之仁”可以感动他，使他改邪归正。但是往往会事与愿违，你的宽宏会被他看成是一种懦弱，从而让他有另外的机会犯下恶行，继续对别人造成心灵或者肉体上的伤害。如果一个不怀好意的借债者苦苦哀求地向你借钱，禁不住他可怜的模样，你把钱借给了他，结果你辛辛苦苦挣来的血汗钱却一毛钱也要不回来！看看，到头来吃亏的不还是你自己。

心特别软，容易感动，受情绪影响大，这是“妇人之仁”的特点，是好脾气的特性。所谓“人为财死，鸟为食亡”，要想生存，必须狠下心来，摈弃“妇人之仁”，打下一片天地。“物竞天择，适者生存”，现实就是这么残酷，今天你仁慈了，很有可能明天就变成了他人的囊中之物。许多时候对别人仁慈就别想要出人头地，唯有“狠”一点，才能维护好自己的利益，让图谋不轨的人不敢轻举妄动。

我们不否认“妇人之仁”有时候可以发挥很大的感化力量，但是在社会竞争里，它会变成一个人生存的负担，甚至是致命的缺点。有一则寓言故事，就恰好地说明了这一点。

牧羊人有一只猎犬，这只猎犬对主人忠心耿耿，深得牧羊人的器重。但有一点不足，这只猎犬经常同情心泛滥，而这也为它招来了杀身之祸。有一天，一只饥饿的狼跑到牧羊人的农场，想捉一只小羊来填饱肚子。这时候，被牧羊人的猎犬发现了，它迅速地跑过去。这只狼想要逃走，无奈牧羊犬不但体型高大，而且异常凶猛，这只可怜的狼打也打不过跑也跑不掉。但它深知这只猎犬经常同情心泛滥，于是这只狼就趴在地上流着眼泪哀求，乞求猎犬放它一马并且保证以后再也不来捉羊了。

听了这些可怜的话语，看到狼的眼泪，猎犬就不忍心了，于是决定放了这匹狼。可谁都没有想到，狼在猎犬往回走的时候，纵身一跃，死死地咬住了猎犬的脖子。猎犬生命垂危，幸亏牧羊人及时赶来，才救了猎犬一命。尽管流了很多血，但毕竟猎犬的命保住了，但它也得到了教训：这个世界简直太残酷了，对敌人仁慈就是对自己残忍。

心慈手软，对任何一个人来说，都是最致命的弱点，这是他们无法取得成功的一个重要原因。要知道，世间的规律本就是“适者生存，胜者为王”。每一天，面对你死我活的争斗，千万别有“妇人之仁”。

历史上，唐高祖李渊登基以后，封李建成为太子，封李世民为秦王，封李元吉为齐王。可在三个弟兄里面，李世民的战功最为显赫，不仅有尉迟敬德、杜如晦、房玄龄、秦叔宝等人辅助，而且自身也很有胆识谋略。不过也因此引起了李建成和李元吉的猜忌：李世民势力如此雄厚，怎么会甘心当一个小小的亲王？于是他们想要设计陷害李世民。

首先为了解除李世民的兵权，李建成建议：让李元吉带兵北征，而把尉迟敬德、秦叔宝的部队划归李元吉指挥。李世民听到这个消息后，感到形势严峻，众人一致决定先发制人。

到了夜里，李世民进宫向李渊状告太子等人想要谋害他，想要让李渊出面解决兄弟三人的矛盾。于是，李渊答应让三兄弟第二天一起进宫当面解决问题。第二天，李建成、李元吉赶到之时，李世民早已经命令尉迟敬德等人带领精兵埋伏在皇宫北门。手无兵权的李建成、李元吉立刻成为瓮中之鳖，被李世民当众斩首。尽管李渊在事后很生气，却也无法阻止已经发生的悲剧。接着，李世民乘胜追击，指挥军队剿灭他们的残余军队和亲信，最后才向李渊负荆请罪。

这就是历史上著名的“玄武门之变”。面对决定命运的生死时刻，李世民的手段的确有些残忍，但是我们却不得不佩服他的帝王之心。而最后，李建成和李元吉承担了叛乱的罪名，李世民则顺利继位，掌握了国家大权。他果敢行动，没有“妇人之仁”，这股狠劲儿正是任何一个想要成功的人应有的政治素养。而楚汉之争中，本该是你死我活的较量，项羽在鸿门宴中来了个“妇人之仁”，放刘邦一马，结果呢？放虎归山，项羽最后只能以“霸王别姬”的悲剧收场，刘邦却被千古称赞。

这个世界，需要爱心。但是，只懂得爱，甚至不分青红皂白去爱的人，注定会因为心慈手软难当大任。你的“妇人之仁”会弄得你周围的人与事一团糟糕，成为你在人际关系、事业前途上的阻碍。在弱肉强食的现实社会里，把“仁”作为行事原则的人，遇到什么事都不会吃得开，也不会混得好。

“妇人之仁”不是好的个性，让你在起跑线上就已经输了，你的人生就多了一笔负债，失去了该有的凌厉、威猛，你的性格会成为你的桎梏，让你成为最后的失败者。

我们要注意训练自己的思维与判断，用理性与智慧来指引自己的行为，而不要让它们随着个人情绪漂浮不定。只要敢于“挥剑斩情丝”，就能在痛定思痛之后变得成熟、稳健，成为赢家。

4. 要有所担当，不狠不行

人们总是把自己的立场、利益与“善”或“恶”联系在一起。其实在这个世界上，没有绝对的恶人，但同时也没有绝对的善人。大多数人都介于“善”、“恶”之间，形成了形形色色的性格，构成了复杂却真实的人生。在社会上，有人总是喜欢选择做好人，希望凭着自己的高素质去打动他人。有人喜欢做好人，相对就有人喜欢做恶人。其实，那些真正会共事的人会根据对眼前局势的拿捏，合理地选择什么时候做好人，什么时候做坏人。人人喜欢做好人，但是只会做好人往往只有善意、迎合、承担的意思，而缺少了改变、突破、勇猛的劲头。

从某个角度来看，一个只会当好人，而不能适时充当恶人的人，很难办成大事。如果你总是扮演老好人，势必缺乏应有的威严，没人把你放在眼里。“人善被人欺，马善被人骑”，这是一个亘古不变的真理。而“老好人”的背后其实是窝囊、无能的无奈处境。因此，一个人在社会上立足，必须得到他人的承认。其实，说到底，做好人、做恶人都不过是“混”的技术而已。混在这个世上，想过得好一点，实现心中的梦想，或者打开局面，你不得不在必要时恶一回。

如果你只懂得积善，而不会行恶，那么对方就不会太拿你当回事，没人认可你、重视你。如果你不够恶，对方反而会对你大呼小叫，左右驱使，到头来你会累得无所适从。适时恶一回，对方才会考虑你的感受，在行事的时候不会胡来。如同两个人比武，你敢于出手，甚至使用险招，对方才会畏惧你，把你放在心上。这其实就是一种赢。

对一个不想苟活于世的人来说，为了心中的梦想他们需要面对更多的东西，去承担更多的责任。尤其是当你面临现实生活的打压、经历对手的折磨时，你更要对自己狠一点，对对方狠一点，这样也能让他人对你畏惧三分，保持应有的尊重。

春秋战国时期，魏惠王想要找一个真正有谋略的人来辅佐自己完成一统江山的大业。魏国人庞涓听到了这个消息，毛遂自荐，前来觐见魏惠王。魏惠王听庞涓讲述了他富国强兵的设想，还为魏国规划了一幅蓝图，随即魏惠王任命庞涓为大将。得到大王的信任后，庞涓觉得自己的同学孙膑也很有才能，就把他也推荐给魏惠王。孙膑本来就比庞涓更有谋略，所以赢得了魏惠王的赏识，而且获得了比庞涓更高的职位，这让庞涓面子上很过不去。

一山难容二虎，庞涓不甘心被孙膑抢足了风头。孙膑是齐国人，庞涓经常在魏惠王面前诬陷孙膑私通齐国，还捏造出很多证据。魏惠王信以为真，将孙膑打入监狱。然而，庞涓的嫉妒心持续膨胀，他害怕孙膑出狱后继续抢自己的风头，于是他派人挖去了孙膑的两块膝盖骨。孙膑知道庞涓不会就此善罢甘休，如果自己逃不出来的话只能死命一条。于是孙膑谋划着怎么样逃离这个是非之地。

这时候，庞涓让孙膑把他编的兵法写出来，孙膑心知，一旦把自己用心血写成的兵法交出来，那么自己肯定会受到庞涓更深的毒害。于是他就狠下心，开始装疯卖傻。可是，庞涓也不是个头脑简单之人，要想骗过庞涓谈何容易。“大丈夫能屈能伸”，孙膑开始吃腐烂的食物，整天嘟嘟囔囔，有时竟因为一件很小的事就和人大打出手。大家都认为孙膑遭受了常人难以忍受的磨难，所以疯掉了，而这也让狡诈的庞涓信以为真，放松了警惕。

不久，魏惠王同情孙膑，量他也没本事再和齐国私通就把他放了。可孙膑知道，庞涓一定在暗中监视自己，心有余悸的孙膑不敢掉以轻心，他知道自己必须一直装疯下去。他白天胡乱折腾，晚上到猪圈里睡觉，整天无所事事，在大街上流浪。这样一来，庞涓彻底相信孙膑疯了，认为他已构不成威胁，就开始对他置之不理了。

天无绝人之路，一个齐国使臣深深同情孙膑的遭遇，就偷偷地帮助他回到了齐国。齐国大将田忌深知孙膑是个善于摆兵布阵的真谋士，于是就把他推荐给齐威王。很快孙膑便被委以了重任，开始为齐国鞠躬尽瘁，他不负众望帮助齐军打了许多胜仗。他始终没有忘记自己受到的耻辱，一直寻求机会报仇雪恨，终于他在马陵之战中利用“减灶”的策略消灭了庞涓，一雪前耻。

庞涓为了自己的荣华富贵，不惜对同门师兄弟动刀子，的确，庞涓获得了一时的功名利禄。但庞涓明显不够狠，倘若他当时狠下心来直接杀掉孙膑，那么怎么会让孙膑东山再起呢？孙膑比庞涓狠，即便遭遇昔日朋友的背叛，他也没有丧失一个男人的风范，忍辱负重，通过装疯卖傻骗过了庞涓的眼睛。倘若当初他一遭遇打击就意志消沉，对人生失去憧憬，又怎么会在以后卷土重来，抓住机会获得兵权，灭掉了这个对手呢？

显然，孙膑看得更远，有更远大的志向，在经历人生的巨大打击后，他能狠下心隐忍内心的志向，选择去承担了更多人生的屈辱。现在社会里，有的男人太宠着自己，吃不了苦，受不了罪，他们只问收获不去付出，缺乏一种敢于担当的狠劲儿。到头来，一事无成。在关键时刻狠一回，既是形势所迫，也是打开局面的必然选择。一个人如果没有这种狠劲，不会主动去担当，那么他的生命将会暗淡无光。

承担与回报是成正比的，想让有限的生命更有意义，更加精彩，你就要硬起心肠，狠下心来，比别人承受更多东西。凡事只去付出、只去承担，不问收获，做好自己该做的，甚至有时候分外的事情也干好了，那么这个人的一生也就会大放异彩，会赢得他人的赏识，乃至得到贵人的相助。

无论发生了什么，你都必须狠下心来，对自己的情绪和行为负责，这

是一种人上人的表现。哪怕是在前途未卜的时候，也依然坚持去承担，不是每个人都能做到的。这一点，恰恰最能验证你是否有一种担当意识，是否有一股狠劲儿，能否做出一些惊天地、泣鬼神的事情。

想要有所成就，让别人对你刮目相看，你就必须要在必要的时候挺身而出，为他们独当一面。而且，要敢于把功劳推给别人，把过错适当揽下来，这不仅仅是一种修养，更是一种明智。能够做到这种地步的人，势必会在人生道路上走得越来越远。

5. 蛇吞象的霸气帮你撑起未来

拿破仑·希尔曾经说：“有魅力的人，人人都爱和他交友。和有魅力的人相处总是愉快的，他好像雨后的太阳，能驱除昏暗，人人都乐于为他做事。”在他看来，气场是一种无形的能量场，它像磁铁一样具有极性，不仅有正负之分，而且还有颜色的差别。而霸气，则是气场中最能展现气量的一个品质。何为霸气？霸气有别于霸道的唯我独尊和毫无情理的野蛮。霸气是一种舍我其谁的王者风范，是一种胸有成竹的潇洒气度，是一种蔑视丑恶的坦荡胸怀。拥有霸气，就拥有强大的精神动力，困难之时源于霸气的自信心可以使人不畏强敌，伴你走南闯北，过五关斩六将，到达理想的彼岸，直达成功的峰巅！霸气就是对自己能力的深信不疑，一有机会便将成就宏图霸业的气魄。

秦始皇心中装有霸气，才最终统一六国，完成一统山河的大业，被世人所敬仰；愚公虽年事已高，但却满怀雄心壮志，靠着一腔热血，最终移走太行、王屋两座大山，为后人开辟出一条道路；毛泽东指点江山，挥斥方遒，满怀一腔霸气带领人民闹革命，成立了伟大的新中国。当然，他们的宏图霸业因有理想并为此而不断拼搏努力而得来的。其中有“时势造英雄”的时运，但任何的机会也都只有有准备的人才能很好地把握好、利用好，并为其服务的。

三国时期的蜀汉丞相诸葛亮，是杰出的政治家、散文家、书法家、发明家、军事家。在诸葛亮的精心策划下，刘备曾赢得了很多次以少胜多的战争，他在中国早已成为了“智慧”的代名词。当然，刘备三顾茅庐把他请出山之后，对他的各种好也是众人皆耳闻目睹的。刘备的两个结拜兄弟觉得他并无战功，而刘备对他的好有些过了。还好刘备的慧眼早已相中了诸葛亮，知道诸葛亮必将成为自己的左膀右臂。诸葛亮很冷静地面对了刘备二位武将兼兄弟的关张对自己的不满，直到在博望坡火攻曹兵，打败夏侯敦之后张关二人才打心底里佩服诸葛亮。很多时候与其以口齿之争去为自己辩护，还不如以事实说明一切，既顺服了他人，也避免了没有意义又不得体的争吵。

在著名的“七擒孟获”中，诸葛亮一开始时得知孟获在当地不仅打仗英勇，还很有名望，便决定攻心为主。于是诸葛亮使计谋活捉了孟获，把他放了然后再来较量，不厌其烦地抓了又放、放了又抓，直到孟获心服口服，不再叛乱。从中，我们不难看出，诸葛亮不仅能使计谋，还很有耐心。生活中很多事，我们能做到像他那样很好地规划并持之以恒，又何来失败呢？从三顾茅庐中，我们也能看出刘备甘为大业低头，不达目的誓不罢休的宏图大志。

有宽阔的心胸，有远大的目标，并在实现理想的过程中做到持之以恒，没有最好的成果我们也会问心无愧。很多人急于求成，始终想早一些告诉别人自己有多威猛，没有实际的成果就在夸夸其谈，最终会事与愿违，与失败和众人的唾弃一路陪伴。假如是陌生人，你要表现得自己有多优秀，那没太大意义。假如他要成为你日后的熟人或是在跟熟人相处的过程中，十足的自信会令人信服。

因此，要想活得辉煌，活得轰轰烈烈，你就要努力培养出一身霸气！霸气是每个人一生的动力，它时刻提醒我们即便只有萤烛之光，也要敢与明月争辉。拥有霸气，就能抵制各种诱惑，一心致力于自己的理想和追求。但是，即便你凭着霸气取得了一时的成就也没什么值得夸耀的，人生没有永远的成功，任何人都只是眼前的胜利者。如果你因此裹足不前，没有任何勇气再向前迈进一步，从此安于现状、不求上进，这样你最终还将沦为一个失败者，被世人所嘲笑。

对于一个创业者来说，只有具备一身成功的霸气，才能披荆斩棘，战胜一切苦难，创造辉煌的成功。如果你是个胆小怕事的家伙，为一时的受气而动摇了，不敢去拼去闯，坐等机遇来找你，那你就别希望能创造出多大的成就，即便取得了一时的成功，那也只会昙花一现，如过眼云烟。

一个人的资质与天分有多高并不重要，霸气是成就一切事业的关键。如果没有霸气支撑你站起来，坚持下去，一切都是白费心思。“人活一世，不可与草木同腐”，我们要有能战胜一切的霸气，我们来世一遭，应敢于

“与天公试比高”，而不是唯唯诺诺，委曲求全。只要你拥有霸气，就不会停滞不前，而是敢于大胆创新进行改革；拥有霸气，你就不会骄傲自满，而是始终保持谦逊的态度；拥有霸气，就不会只看到眼前的利益，而是敢于“放长线钓大鱼”。

喜欢抱怨的人，他们的生活是灰色的，人们在他们身上看不到生活的乐趣；喜欢挑剔的人，他们就好像一只把自己武装起来的刺猬，让人不敢靠近，生怕一不小心伤了自己。而那些霸气十足的人自然拥有好气场，他们或者慷慨大方，或者乐观开朗，总之就像一块磁石一样深深地吸引着你，跟他们在一起，你始终会感觉到昂扬的斗志。

【赢家策略】

一身霸气的人，任何时候都能传递积极向上的能量，这种状态使他们在工作和生活中信心百倍。而且，这种信心还会传递，能够将这种能量不断地传递给周围的人，对周围的人产生积极向上的作用。霸气会在为人处世中流露于你的言行举止上，无需刻意地表现，但要精心地培养和维持。无论发生了什么，你必须用蛇吞象的霸气吞吐天地、俯瞰众生，而这是成功人生的一种需要。

6. 征服异己绝不能心慈手软

古往今来，“胜者为王，败者为寇”是不变的生存法则。一个人想要出人头地，实现心中的梦想，干一番大事业，就必须在生存的竞技场上击败对手，只有这样才可以成为当之无愧的胜者。而要想在以后的人生一直稳定胜者的宝座，就必须要下狠心征服异己，不能留给他们喘息的机会。在决定生死的瞬间，要狠下心来，否则你就只有后悔的份儿。

“霸王别姬”不就是一个活生生的教训吗？一代西楚霸王项羽，力拔山兮气盖世，为人们所称赞，可最后却输给了实力、声望都如不自己的刘邦，令人唏嘘不已。这个故事背后的意义，对每个人来说，都值得去学习、去借鉴的。当时刘邦狼子野心，企图一统天下的雄心壮志已是路人皆知。而项羽也有许多机会去除掉这个潜在的宿敌，可项羽败就败在在紧要时刻心慈手软，放虎归山，结果最后自掘坟墓。

公元前 206 年，项羽带领大队人马来到函谷关，但是驻守在这里的士兵不让他们进去，还说这是刘邦的命令。项羽听到这些大怒，为了给刘邦一个教训，他命令大军发动进攻。短短几天的时间，项羽就冲破函谷关，到达新丰、鸿门。项羽底下坐拥 40 万人马，傲气十足。而刘邦只有 10 万人马，在霸上驻军，谁胜谁负，聪明人一眼就能看出。

这时候，项羽底下的谋士范增劝说项羽乘胜追击，立即攻打刘邦，不要让刘邦有东山再起的机会。项羽的叔父项伯与刘邦底下的谋士张良向来有交情，一听到这个消息就马上通知了张良，同时稳住项羽，拖延时间。刘邦见到项伯后，请他从中调解，而双方约定第二天在鸿门宴会上解决问题。

项伯返回鸿门后，向项羽表达了刘邦的意图，项羽认为刘邦不足以与他抗衡便欣然接受了。第二天早上，刘邦亲自前来拜见项羽，项羽见刘邦对自己如此客气，甚是满意。双方在酒席宴上一开始还是谈笑风生，可在喝酒的时候，范增三次示意项羽杀掉刘邦，但是项羽犹豫不决。后来不得已，范增让项庄到酒席宴上舞剑助兴，想要借此机会杀掉刘邦，但是却被项伯用剑拦住了。紧接着，张良心生一计，他把樊哙请进来，樊哙拿着盾牌气呼呼地望着项羽，头发好像要直竖起来，大呼项羽不是君子，要保护刘邦。项羽看到这种情形，为了缓解尴尬，就赏给樊哙酒和猪腿肉。表面看上去，大家欢声笑语，其乐融融，可双方背后隐藏的你来我往的争斗却是昭然若揭的。

为了尽快逃离鸿门宴这个大陷阱，刘邦借着上厕所的机会走出宴会现场，随即立马带领樊哙等人从小路返回霸上，这才脱离了险境。最终刘邦东山再起，一举歼灭项羽，而项羽只能上演“霸王别姬”的悲惨结局。想一想，“鸿门宴”本来是猎杀刘邦的绝佳刑场，但是却因为项羽的优柔寡断错失了良机，而以后再也没有机会除掉刘邦这个强敌。

在战场上打拼，以前是兵戈铁马，今天是明争暗斗，虽然打拼环境有所变化，但是不变的是“成王败寇”的丛林法则。在搏斗的过程中，能够取得成功并且笑到最后的人才是真的有本事。所以，在面对竞争对手的时候，必须狠字当头，下定决心征服异己，绝对不能心慈手软。不过，要切忌无事生非，不明事实，小题大作。这样才会做到让受罚人口服心服，也才会真正让众人引以为戒。

这也是生存竞争、职场竞争、市场竞争的王霸之道。丛林法则面前，你不去吃掉别人，别人就会把你吃掉，否则以好脾气示人，只会让自己失去活路。即使你现在还没有和竞争对手一较高下的打算，也应该时时刻刻记着，你的竞争对手可能正在对你磨刀霍霍。

【赢家策略】

与对手搏击，最怕你心慈手软，狠不下心来。采用强硬手段惩罚一个人，就像藏獒面对凶残的野狼一样，处理不当就会带来抵制和报复，因此在动手之前首先应想到后果，能够拿出应付一切情况发生的可行办法。

而作为一个领导者，你必须要狠。正所谓“慈不掌兵”，下属固然与你没有生死的较量，但是身为领导者如果缺少威严、刚猛不足，终究无法推动整个团队往前冲。

第八章

『摆谱』的学问：端点儿架子才能自抬身价

在社会生活中，一个人要表现出应有的威严，才能得到外界的认同与敬重，这就是常说的“摆谱”。尤其是对有官阶、职权的人来说，千万不能妄想用好脾气赢得尊敬，唯有端点架子才能自抬身价，让周围的人见识你的威严、气势，从而有效掌控局面，顺利达成预期目标。

1. 架子端起来，身价抬起来

一直以来，我们学到的都是在生活中要做一个能够乐于助人的人，和他人友好相处，当别人遇到困难时要能够主动伸出援手，这样才能获得别人的好感。但是助人总要有个限度，生活中有些人看你乐于助人，就觉得你好欺负，有什么事情都让你去做，即使是一些鸡毛蒜皮的小事也要打扰你。碰到这种人，如果我们总是答应他，那就会影响到自己的事情，使自己无法安心地工作和生活。所以我们绝不可以心软，一定要端起自己的架子，把自己的身价抬起来，让这些人以后再有什么鸡毛蒜皮的小事时就不要打扰你了，为自己争取一片安静的空间。

或许有些人觉得帮助别人是一件很有意义的事情，我们不应该拒绝。那就打一个比方，倘若你是一个全面的人，能在公司的多个岗位上工作，而且都能取得优异的成绩。可是你这个人是个老好人，耳根子软，别人求你做些事情，你就会放下架子去做，让你顶什么班你就去顶。但是人一天的精力和时间都是有限的，如果你帮别人做了这些事情，那就没有时间做自己的事情，久而久之，更不要说把自己的事情做到完美了。到头来只会有一种结果：你无法做好自己的事情，只能在自己的岗位上做着别人的琐事，不会加薪水，也不会被重用，时间长了，就会被那些能力不如你的人淘汰。这就是没端架子做人的恶果。

生活中有些人，看着并没有什么能力，有事情就爱让别人去做。但就是这些人，却有着很高的职位，拿着高额的薪水，不做具体的事情，遇事就爱指手画脚。他们做的这些在我们看来毫无意义的事情，却能获得其他人的由衷赞美，甚至还将他们奉为上宾。其实我们都知道这些人并没有什么本事，他们做到的一点就是把架子端起来了。

可能有些人会把架子当成一种不太正面的形象，觉得这会给人带来负面的影响，让人不愿意同你接触。其实这只是一种浅显的看法，“架子”决不是一个消极、负面的东西，而是有着它积极而微妙的意义，架子有时就是一个人身份、地位的体现，只有你把架子端起来了，你的身价才能涨起来。

人其实有一种莫名的心态，别人对你越好，你对他越无所顾忌，别人对你越差，你反而越尊敬他。这是人的一种劣根性。

众所周知，周润发在华语影坛中被称为“发哥”，由此可见其地位之高。周润发的片酬不是华语影坛中最高的，成龙和李连杰的片酬都高于他；周润发的演技也不是华语影坛中最好的，梁朝伟的一个眼神在华语影坛中无人能出其右；同样他也不是去好莱坞发展最好的华语演员，成龙成为一线演员时，周润发已经快连三线演员都不算了。但他就是华语影坛中的大牌演员，就能让人称为“发哥”。

周润发可以让一群影帝影后在宴席进行到一半时，重新回到红毯迎接他；他去央视做次访问，可以让央视大楼张灯结彩铺上红地毯。他是唯一可以放吴宇森、梁朝伟、金城武这些人“鸽子”且面无愧色的人。这就是大牌，就是周润发的架子。

或许有人想不明白周润发的架子高在哪里？周润发为什么会那么大牌？其实，身价都是自己抬起来的，架子也都是自己端起来的，一个人的身份地位并不是靠别人封的，而是通过自己争取的，对于明星来说，同样如此。在周润发身上，大牌就是他的标签。有的演员的标签是各种奖项；有的演员的标签是片酬；有的演员的标签是演技；而发哥的标签就是他的架子。

周润发做事时就是端着自己的架子，他不管拍多好的朋友的戏，好莱坞的片酬是一分钱也不能少的，毫无朋友价可讲。而一个条件达不到，说走就走，完全不顾及别人的感受。或许我们会说这种做法很不通情理，但是和大牌的身份放到一起那就成为顺理成章的事情了。所以在做事的时候，一定要把架子端起来，只有这样，才能把身价抬起来。

很多人不愿意在生活中摆架子，其实架子有很多妙用，在日常生活我们和别人交往的过程中，架子是有很大作用的。

第一，“架子”可以帮助人与人之间保持一定的距离。人与人之间不适宜太过亲近，最好保持适当的距离感，你与他人太过亲近，只会给自己带来很多不必要的麻烦，而“端架子”是一种很好的保持距离的方法。

你在日常生活中不能过分随和，坚持自己的原则与立场是绝对必须的。这有助于一点一滴地维护自己的原则性。如果失去了架子，那别人就会认为你是个没有原则的人，很可能就会因为轻慢你而对你随意指使，有事没事的就让你去做事，影响你的生活。所以说，通过“架子”来显示自己的原则对于我们来说是很有必要的一件事情，这样才能保证自己在拒绝别人的时候是无可非议的，有助于掌握生活的自主性。

第二，“架子”有助于使我们在别人眼中保持魅力。一个人最有魅力的时候，就是其他人都猜不透其心思的时候。只有当别人不知道你在想什么的时候，你才能不在人与人之间交往中暴露自己的目的。

有时候，人总是处于各种利益、各种矛盾的焦点上，若想实现自己的目的，就必须懂得掩藏自己，使自己的心机不被窥破。所以我们需要时常端着自己的架子，这样也是对自己的一种保护。

同样，日常生活中的“架子”能够很好地表现自己的自信、霸气，有助于增加自己的气势，在别人心里树立起权威的形象。让他人感受到你凌驾在众人之上的权威使你显得更有魅力，显得更像领导者，更能从形象上唤起别人的敬佩和好感。

当然，端起架子绝对不是让我们眼高于顶，我们做事时一定要踏踏实实，这是你能“有架子”的基础，只有有了能力，才有了真正端架子的资本。

【赢家策略】

一个成熟的人是能够把握好“架子”和“助人”之间的平衡的。看到有人需要帮助，他们能够主动去帮助别人，让人记住自己的好；但是碰到不想帮助或无能为力的事情时，他们又能够拒绝，而不会招来埋怨。

帮助别人也是要有原则的，你可以帮助别人，但是绝对不能因此而“掉价”。一个满世界主动帮助别人、施以恩惠的人是得不到真正的尊重的。为了帮助别人，反而让自己掉了身价，那绝对是得不偿失。一个人不可以做“烂好人”，一定要有自己的身份地位。

2. 学会适当表现你的“身份”

身份是一个人尊严的象征，只有有身份的人，别人才会看重你、尊重你，所以在日常生活中适当表现自己的“身份”是很重要的。

中国一直流传着一句俗语，“吃柿子捡软的捏”。这句话是比喻一个人很好说话，没有脾气，所以当人们遇到什么麻烦的事情后，第一反应就是找他去做。生活教会人们有付出才会有收获，可是找“软柿子”做事却不需要付出什么，最多也就是说几句好听的话，找他摸摸耳根子，然后他就会帮你。也许一次没有什么关系，但是有了第一次后就想有下次，别人就会觉得自己什么都不用做就有人帮自己解决麻烦，接下来他在跟“软柿子”相处的时候潜意识里觉得欺负一下也没什么，后来慢慢变成一种习惯。

所以说，在与人相处时千万不要做那个“软柿子”，适当的时候表示一下自己的身份是很重要的，千万不要让人觉得你可以随意拿捏。假如你在别人对你提出不合理要求时，果断地拒绝了他，那他下一次让你帮他做事时就会好好想一想。因此，不要总是表现自己的好脾气，让人觉得你没有“身份”。跟别人在一起时，要适当表现自己的“身份”，让人感受到你

的存在，不能被人当成“软柿子”。

尤其是当今在社会上生存，很多人每天都在职场上打拼。如果你还保持好脾气，当一个“软柿子”，那就只能成为那些“刀光剑影”中任人欺负的对象。适当时候也要有自己的脾气，该发火的时候就发火，让人知道你不是好欺负的，这样别人才不会对你想怎么样就怎么样，而是会对你保持尊重。

小王是一个刚刚进入职场的“菜鸟”，早在没找到这份工作时，他就听说了职场中的纷争。他心中给自己找到的方法就是做一个“好好先生”，在同人接触时给人家留下一个好印象，在职场中多和人交朋友。

因此，初进职场的小王成为了同事眼中的“老好人”，大家有什么事情都愿意让他做。最初小王觉得这是同事们都把他当朋友，可是后来他发现同事们只有在有事时才找他，平时聚会、吃饭的时候根本就没有他的事情。但是小王意识到这种事情时，已经晚了。大家有事都找他，他也没有办法拒绝，最终找他的人越来越多，他自己的工作反而无法完成，没过多久，他就被公司解雇了。

小王被解雇后，就开始反思自己的问题。他发现自己在日常工作中，表现的太好说话了，根本就没有体现出自己的“身份”，跟自己的同事在一起时就好像低了他们一级，什么事情都要自己去做，哪怕他们闲着没有事情也不做。小王下定决心，以后再有工作，和同事相处时一定要表现自己的“身份”。

在家歇了一段时间后，小王凭借自己的能力又找到了一份工作。找到和同事正确相处方法的小王很快就融入了他们的圈子。平时当自己闲着时，看到同事遇到麻烦他还是会主动帮助；但是当自己有事时，他会拒绝同事，然后好好地做自己的事，做完自己的工作后，他会去找那个同事，看看他是否还需要帮助。渐渐的，小王成为了人们眼中的“好同事”，大家都喜欢和他相处，在同事中有了广泛好评。而他也能够很好地完成自己的工作，领导也看到了他的能力，没过多久他就升职了。

小王的事例很好地告诉我们，每一个好脾气的人不一定就是受欢迎的人，也许你适当地表现出自己的“身份”反而会得到别人的重视。在职场中尤其如此，一定要适时地表现出自己的“身份”。当你显示自己的身份时，你是将办公室的门敞开还是紧闭，你走出办公室如何与同事打招呼，你如何接听电话，如何回复来信等，每一个细节都会映入同事的脑中，每一个细节都是向别人传达了你自身的一份信息。

两个人走在一起，明眼人一眼就能看出谁占据了“主动”，因为占据主动的人总是被人照顾的。所以如果我们想要表现自己的“身份”，那就不能事事都顾着别人，也要顾好自己。你可以询问别人的想法，但是不能以征求的态度来问他，不然会让旁人以为你只是一个普通的下属。

日常生活中，对人对事就应该因人而异，不能在所有人面前都当一个“老好人”，那是得不到别人的重视的。在对待一些人和一些事的时候，就像对待弹簧一样，你退一步，他就进一步；你进一步，他就退一步。所以在为人处世的时候，需要的性格就是刚柔并济，需要把握的是如何处理好刚柔之间的度，不能当被人反感的“硬柿子”，但也不能当“软柿子”被人欺负。我们要时刻显示我们的“身份”，在帮助别人时掌握主动。

【赢家策略】

很多时候，我们不喜欢在和他人相处时表现自己的身份，觉得这样会让人有距离感。其实，这只是我们自己的一厢情愿，我们过于相信自己的直觉，因此不敢和人保持距离。

有时候，身份不同的话，那就要表现出来。你是领导，那就要和下属之间保持“身份”的差距。其实，领导保持身份是很有必要的，在无形中造成的员工对你的尊敬之意，会为你的工作开展创造条件，员工会处处——至少在表面上尊重你的意见，当他们执行任务有困难时，会与你商量，而不会自作主张，自行其是。

总而言之，我们应该时刻注意到表现自己的“身份”，要有自己的原则，不要总是让人忽略你的存在。该有脾气的时候就要有脾气，该拒绝的时候就要拒绝，这样我们才能够被人重视，生活才会越来越好。

3. 排场有多大，气场就有多大

人都有一个品性，那就是好面子。无论是谁都喜欢别人给他面子，这无关于人的品性，是人天性都如此。最好的给人面子的方法就是讲排场，排场讲起来了，面子也就有了，人也就会觉得很有气场。

在日常生活中，有些人一想到要求人办事就心里打鼓，内心非常不安，思索半天结果最后还是张不开嘴。如果我们留心一点就会发现，这种事情不光在求人办事的时候，即使是平时也会出现。其实，越是关键的时刻，人做事情就越要硬气起来。俗话说“胆大能包天”，撑死胆大的，饿死胆小的，一个人如果做事不够硬气，没有一点胆量，那他就绝对不能够成功。

人这种胆量的缺乏，在某种程度上是对社交的一种恐惧。有些人天生害怕社交，从来不敢去音乐茶座、舞厅、咖啡馆等社交场所，有时候朋友之间的聚会，他们也会有意识地回避掉，在人多的地方，他们就会感觉不自在。人们对于社交的这种恐惧，通常说来，是由他的自卑和害羞造成的。恐惧社交的人很难与人交往，常常让自己保持在孤独中，影响了人际关系。

生活中，我们常常看到一些人，活得总是勉勉强强的，好像总是生活在别人的世界里，自己的生活总是由别人控制，别人的几句话可能就会影响他的一天。于是，慢慢地，事情发展到最后，人与人之间就这样搭建起了一张无形的网，彼此之间互相利用，为了一些利益而掩盖了真实想法，人性的光辉也被掩盖了。所以说，生活中需要有一些处理人际关系的技巧。在适当的时候，不仅要摆明自己的立场，还要表达出自己真实的想法。

在古典名著《红楼梦》中，林黛玉就是一个活得非常勉强的人。家道的中落，使她的自卑感非常强烈，自从进入贾府后，她就有一种寄人篱下的感觉，所以她的内心时时感到与其他姑娘的不平等，觉得自己被歧视了。林黛玉自尊心非常强，性格又极度敏感，所以她选择了经常独处，独自一人郁郁寡欢，不愿意与大家主动交往，结果最后抑郁而死。在我们的日常生活中，往往也有那么一些人，平日里形单影只，连个可以说话的朋友都没有，一旦遇到什么事情，需要去求人帮助，他就会无从下手，简直比杀了他都难。

许多人不会处理自己的气场，所以常常把自己陷入各种各样的“怪圈子”里，这是非常不智慧的一种做法。许许多多的机会，可能会对自己非常的有利，但是自己却断然地否决了；也许这个人不怎么样，可是你因为某种理由或是面子，却无法拒绝；别人三番两次地求你做事，你明知道这件事情不好做，但是架不住别人的请求，所以只好答应……只是这些乱七八糟的事情打乱了生活的节奏，最后反而让我们找不到自己的气场。

小李大学毕业后选择了自主创业，经过多方努力后，终于凑了些钱开了家自己的公司。在小李多年努力的经营下，他把握住机会，根据市场的行情，做成了几笔生意，企业渐渐走上了正轨，但是终究缺乏发展时间，在业内也只算是一个中等规模的公司。小李知道自己公司在规模上的不足，一直都努力发展，终于让他抓到了机会，谈成了一个大客户。

这家客户是一家大型的跨国企业，对于小李和自己的公司来说，绝对是一次绝好的机会。做好这次活动，公司就可以在业绩和广告上一炮而红，进而大大提升知名度，一步跨入大型会展公司的发展行列，进入行业前列。

做了多年的会展，小李也知道如何把会展做到最好。会展讲究的就是一个规模、一个排场，排场越大，那么宣传的效果也就越好。尽管客户不是一个喜欢讲排场的人，小李也不好面子，但规模就是会展行业的一个潜规则，在这个行业，谁低调谁就会被市场淘汰，谁不会“摆谱”，谁就会在宣传竞争中败下阵来。为了这次的会展，小李下足了功夫，请最红最火的港台艺人来助阵，还将场地设在了本地最高档的会展中心，展览的布置是专门聘请的国内知名展览设计师。这次会展，完全被小李打造成了会展界最顶级的盛宴。

排场上去了，这次会展的气场自然就起来了。会展还没有举行，就引来不少媒体的争相报道，不管是当地的媒体，还是外地的电视台、报社，甚至中央级的电视台都对这次会展进行了或多或少的一些报道，一夜之间，小李公司筹办的会展成为了人们争相关注的焦点，小李公司也通过这次会展赚足了眼球。

小李为了办好这次会展，各方面都投入了不少资金。尽管公司有了几年的发展，但是流动资金其实并不富裕，而要想搞一个有排场的会展，所需要的各项支出是十分巨大的。对于一个公司来讲有排场才能打响知名度，有排场才能有市场，正是抱着这种信念，小李不惜拿出公司的全部流

动资金和自己的全部私人积蓄作为资金支持，可算是下了血本。

事实证明，该要排场的时候就要把排场摆起来，试想，如果小李毫无排场观念，丝毫不懂得怎样把排场搞大，那这次的会展只会变得无人问津，他又如何能够通过一次会展而一鸣惊人，从而让自己的公司一跃进入会展行业的前列。

盲目地摆谱、讲排场并不是值得称赞的举动，但凡事都要讲究环境。在本该讲排场的时候低调，在“摆谱”的时候沉默，这不仅不是一种美德，反而很可能会让我们陷入一种无法摆脱的困境，进而在茫茫人海中浪费余生。

【赢家策略】

在很多时候，有排场才会有气场，有了气场才能征服更多的人、更多的客户。如果不懂得这个道理，不管在什么时候都保持着沉默与低调，那么绝对不会有人注意到你，最后你只会自己默默地消失在市场中。

在一定的时候，该讲的排场一定要讲，我们不光要学会“摆谱”、讲排场，更要学会讲出自己的独特魅力。该低调的时候低调，但是该讲排场的时候就要一鸣惊人。只有这样，才能在竞争越来越激烈的社会中引起人们的注意，从而赢得更多的人脉和社会资源。在社会中，我们要把骨头硬起来，拿出强大的气场来，只有这样，才能在茫茫人海中拔得头筹并取得成功。

4. 给高傲的人泼头冷水

生活中不缺乏有才华的人，这些人有些很好相处，但是有些人却因为才华而眼高于顶。在这些人的人际交往中，他们就认为可以以自己的地位、学识、财富、年龄等方面的优势从而表现出自己高人一等的傲气，或者说以一种蔑视的眼光看待他人，或者对他人说一些诋毁的话，甚至对人进行语言攻击、肆意地侮辱他人。这种人因为自己某方面的优势就放纵自己的行为，这势必会给别人带来不愉快或者严重地影响人们的情绪。对于这种人，我们就要在他们骄傲的时候给他们的头上泼一盆冷水，让他们不能恶性发展下去。

真正有才的人往往都是很低调的，因为他们知道自己还有很多东西没有掌握，还有很多人可能比自己的能力更好；只有那些自以为很有才华的人才会“恃才傲物”，仗着自己才高而目空一切，有时甚至玩世不恭，对谁都不在乎。这些人一般有以下的一些特征。

第一，自以为本事大，有一种至高无上的优越感。

大凡是恃才傲物的人，往往都认为自己才比天高，觉得自己的本事是最厉害的，这种心态让他们认为别人都不如自己，总以为自己最了不起，往往看不起别人，同人交流的时候也是话中带刺，对人也是随意指使，做事完全以自己的喜怒为标准，我行我素。这种人非常自负，从来不在乎别人的感受，对别人的想法都不屑一顾。

有这样一个故事：有一位年轻人一心一意想要成为一名伟大的英雄，所以他一直都将自己当成一名英雄，和人相处时也盛气凌人，一副看不起别人的样子。他对人的态度让人反感，人们都不认为他是一个英雄。他一直苦苦思索着成为英雄的方法却没有结果，于是去深山里请求一位智者。

年轻人经过三个月长途跋涉，终于在一间小木屋里找到了整天思考的智者。可是这个青年前五次叩门请教，智者都搪塞青年，让青年离开。青年第六次敲门时，智者又说："我要休息了，你明天再来吧。"这位青年怒从心中起，大声地说道："你每次都这样推三阻四，那我什么时候才能成为真正的英雄？"智者笑眯眯地说："等你什么时候能够和人平心静气地说话了，那就离真正的英雄不远了。"

第二，恃才傲物的人往往听不进别人的话。

恃才傲物的人往往都很自负，常常喜欢自我欣赏，觉得自己是完美无缺的。他们听不进也不愿意听别人给出的意见和建议，觉得这是对自己的嫉妒和羡慕。他们觉得凡事都是自己做的是对的，对别人持怀疑和不信任的态度，觉得别人说的话都是不可靠的。

高傲的人总是希望自己能够在各方面、各种事情上高人一等。这种人从来都不知道尊重别人，只是每天沉浸在自己的飘飘然中。我们碰到这种高傲的人，如果自己总是保持着好脾气，有了气就往自己肚子里咽，那最终受罪的只能是我们自己。对于高傲的人，我们一定要以恶制恶，适当的时候给他们头上浇一盆冷水，让他们醒一醒。

与这种人相处，我们必须有的放矢，科学地采取措施和办法：

(1) 要用其所长，切忌打压他们。

有傲气的人都有自己的一技之长，正是因为有一定的能力，他们才有自己高傲的资本，才会觉得自己与众不同。我们对于这些人的一技之长，一定要使用，让他发挥自己的能力，否则反而是你的损失。

我们和这些高傲的人相处一定要保持自己的耐心，可以视其所长而用之，先让他们将自己的能力发挥出来。对于这些人，我们绝不能采取放置不理的做法，为了压制他们的傲气，对他们进行冷处理，将他放在一边不加理会。高傲的人往往都非常自负，且目光短浅、心胸窄小，你这样做不仅无法让他们认识到自己的不足之处，相反会让他们觉得你在有意压制他，不让他表现。这会使他产生一种越“压”越不服气的逆反心理，甚至会因此从心里记恨你，有机会时可能还会报复你，比如工作中有意给你拆台，故意让你出丑等。

(2) 要有意用短，善于挫其傲气。

对于恃才傲物的人，就要找到他的短处，用他的短处来挫一挫他的傲气。人不可能万事皆通，恃才傲物的人也是如此，即使他再有才，他也不可能样样都行，充其量也只是在某一领域或者某些方面有些才华，表现得比别人好一点，但是在其他方面他可能就不如别人了。所以给高傲的人浇冷水的最好方法，就是让他在自己不擅长的领域里面表现一下，让他认识到自己的不足。只有知道自己有不如别人的地方，他们才会改变自己那种目中无人的态度，消除自己的傲气，重新认识自己。

当然了，要想让恃才傲物者认识到自己的不足，最好的办法还是安排一个单独的场合，然后找一两件他不擅长的事情让他去做。这种工作可以找那些做起来比较吃力而且对他很陌生的工作，并且规定一个时间让他去完成。他要完成这些工作一定会付出比平时更多的努力，甚至还很有可能失败，即使完成了这项任务，他也会在这种艰难的过程中察觉到自己的不足，也会深感做好一件自己不熟悉的工作是相当艰难的。这里一定要注意的是安排一个单独的场合，否则他不但感觉不到你的用心，甚至还会觉得你是故意在让他出丑。对这样的人泼泼冷水，是为了更好地发挥他的才能，让他产生更大的效益。

对于那些骄傲自大、眼高于顶的人，我们要做的就是收起自己的好脾气，不要让他们觉得可以随便地轻视我们，该表现的时候我们就要表现自己，你的谦虚有礼不会让他们表示敬意，只有你比他们强，他们才会尊重你。

【赢家策略】

适时让高傲的人品尝到失败的滋味，在适当的时候挫一挫他的锐气，让他意识到自己还有很多的不足，让他把自己的骄傲收起来，这样才能让他进步。当然了，高傲的人自尊心都很强，所以在他沮丧和自我怀疑的时候，应该给他一些鼓励，避免他陷入自卑的怪圈。绝对不可以简单粗暴地对待他们，要让他们有机会表现自己的才华，对待他们就要像对待孩子一样，该鼓励时要鼓励，但是该批评的时候就要批评他们。只有拿捏得当，对他们才是有益处的。

5. “恶”的本事：千万别怕扮黑脸

有些人在生活中不懂变通，只喜欢一味地当“老好人”，无论什么情况下都很厚道，有一个好脾气。这种人看起来很好，但是他们却不懂得变通，不善于根据情势变化灵活应对，很难把事情处理得圆圆满满、妥妥当当。

在生活中，有人各方面都很优秀，能力方面更是堪称表率，他们简直是公认的楷模，在品行方面也是让人钦佩。但是令人诧异的是，这种人在事业上反而没有什么进展，打拼很多年，但是职位上却还在原地踏步。相反，有些人能力并不突出，但事业上却是做得有声有色，职位一直向上升。出现这种情况，其中的一个主要的原因就是前者脾气太好，只能在生活中扮演好人的角色；而后者更能表现自己的个性，在生活中敢爱敢恨，能扮演多种角色，既能演白脸，也能演黑脸。

当然，扮演好黑脸并不像说着这么简单，这其实是有很大的技巧在里面的，我们在平常要想当好黑脸，就要做到以下几点。

第一，既要管好自己的好脾气，又要有如履薄冰的谨慎。很多人都愿意去当一个好好先生，经不住别人的劝，有人一向你求情，你的心就软了，自己做的决定就会改变。这种情况一定要杜绝，要当好黑脸就一定要有一个狠心肠，能够当着众人的面狠下心来，一旦是你决定了的事情就绝不动摇，你要有果断拒绝众人的勇气。

当黑脸光有勇气也不行，还要有泰然自若的信心，时刻表现出胜券在握的气概。当你在他人面前当黑脸的时候，你必须镇定自若，充满必胜的信心和决心。如果你自己都表现得不自信，那就只能自乱阵脚，更别说扮演一个狠角色，让他人对你服气了。

我们要知道黑脸并不是恶人，同样，扮演黑脸也不是故意当恶人，而是要“恶”得有道理，要能够让对方心服。在说狠话的时候要如履薄冰，小心谨慎。拿捏好分寸，让别人能够接受你的“威慑”，才可以收到实效，而不是因为说狠话，把对方得罪了，最后成了仇人，让对方与你为敌。

第二，要能够先人后己，既擅长“先之以身”，又懂得“后之以人”。有些人时常会在生活中扮演黑脸，但是我们却能够看出这类人有很高的人气，即使是当一个黑脸也能够让人心甘情愿地追随。在仔细观察这类人后，就可以发现这些人都有一个特性：那就是先人后己，同时他们遇到困难时“先之以身”，遇到享受时“后之以人”。这种人能够做到吃苦在前享受在后，追随他的人就能够感受到他的诚意，所以即使他常常会当一个黑脸，他身边的人也愿意追随他。

一个人要想当好黑脸，那他就要敢于担当，能够严格要求自己，让别人做到的，自己首先就要做到，而且要力争做到最好；同样，你不让别人去做的事情，那你首先就要从自身做起，自己率先不去做，这样你才能够去要求别人，让别人服从你的安排。只有能够以身作则的人，才能够真正赢得别人的心；只有真正拿自己的行动说话，以实际行动去影响人、激励人，才能让你说出来的话有分量，才能让你的话有威慑力。

能当黑脸的人，首先就要能服人。出现失误时，你首先就要敢于站出来承担责任，而不是将你的责任推给别人；如果你承担了责任，那别人就会信任你，你就俘获了人心，即使以后你说些什么狠话，别人也会愿意倾听，仔细思索你说的话，并将你的话放在心上。

扮演一个黑脸也不是说让人不近人情，刻意地去得罪人。以温和的态度去和人相处，能够在谈笑中解决问题才是最基本的原则。当调和手段不能奏效时，你再拉下脸来扮演狠角色，才能收到更好的效果。

扮演黑脸只是一种手段，所以不能让它成为我们的常态，要在关键的时刻用得恰到好处。要知道，用狠好比一剂有强烈刺激作用的药物，用之得当，能够治病救人，用之不当，则会伤人害人。所以我们一定要把握好时机，该用的时候再用。

【赢家策略】

一个人扮演黑脸并不是最终的目的，完成自己的目标才是扮黑脸的目的，在这之前的都是他的手段。所以说，在扮演黑脸的时候，也要考虑对方的感受，根据他们的想法，找到一个合适的对策，从而以此达成自己的目的。

人人都会有自尊心、自信心，而且人人都好面子，都有自己的独立的人格和处理问题的方式。所以我们需要在扮演黑脸的时候，掌握一定的技巧和智慧。在必要的时候，须表现出对他们的充分信任，在此基础上下狠心，才不容易导致他们与你离心离德。所以我们要掌握“大棒加胡萝卜”

的政策，既能够善于批评，又能够及时给他们鼓励，这样才能让对方从情感上认同你的主张。

6. 是老虎就要发威

中国有句古话叫做“老虎的屁股摸不得”，这句话是一句至理名言，也是各行各业内流传的一句老话。在我们今天就可以理解为：在生活中，有些人是我们招惹不得的，我们需要和他们保持一定的距离和尊敬，如果惹了这些“猛虎”，那老虎就会发威，其后果是难以预料的。如果是聪明人就不会去主动惹这些“老虎”，以免承受他们的愤怒。但是总有那么一些人，非要去挑战别人的权威，逼得对方不得不发威。

反过来说，在生活中，如果你是一头“老虎”，那就必须要保持威严，如果有人挑战了你的威严，那你在适当时必须要发威，否则，你则被当成“病猫”。没有人不想时刻都保持着好脾气，但如果总是保持着好脾气，遇到什么事情都妥协，那你这头猛虎就没有了爪子，别人就会以为你很温顺，所以该发威的时候要发威。

在生活中，无论身在何处，都有可能遇到对我们不尊敬的人。有些人你退一步他们就会进一步，即使你想和他们友好相处，他们反而会得寸进尺。所以说当有人对你做出不敬的言行时，你应该发挥自己的威力，让人知道你是一头“猛虎”，而不是“病猫”。

在此，不妨从以下几个方面入手。

第一，应付欺软怕硬型。有些人就是喜欢欺软怕硬，碰到脾气好的人，他们就会欺负你，对你提出各种意见，从来都不会尊重你。如果你礼貌对待他们，他们反而会以为你是个“软柿子”，就是好欺负，所以常常存心为难你。但是等他遇到有脾气的人后，他们就会小心翼翼地对待这些人，生怕一不小心就惹他生气，完全是一副小人的嘴脸。

碰到这种人，最重要的就是不给他得寸进尺的机会，不让他把自己那副欺软怕硬的嘴脸表现出来。这些人有时候会觉得自己和你关系很近，以为一旦跟你热乎起来，就能够对你肆无忌惮，觉得你碍于两者之间的关系也不能把他怎么样。对于这类人，我们一定不能惯着他，最好采用公事公办的方法，碰到事情时要亲兄弟明算账，两人之间的关系尽管友好，但是那是在私底下的时候，关键的时候要公私分明，不能让他觉得能对你随意摆布，该发威时要发威。

第二，遇事不负责任型。这些人在职场中很常见，有些人在职场中表现得很随意，觉得自己不需要对任何事情负责，他们在职场中喜欢哗众取宠，享受的是被所有人瞩目的那种感觉，希望当所有人的中心，所以经常做一些不着边际的事情，想以此来成为众人心目中的“英雄”。这种人往往还不能批评，一批评他们，他们就会撂挑子走人，觉得“此地不留爷，自有留爷处”。

这种遇事不负责人多数发生在刚毕业踏进社会工作的年轻人中。这些人刚刚进入社会，缺乏了学校的保护，内心难免有些空落落的，但凡碰到

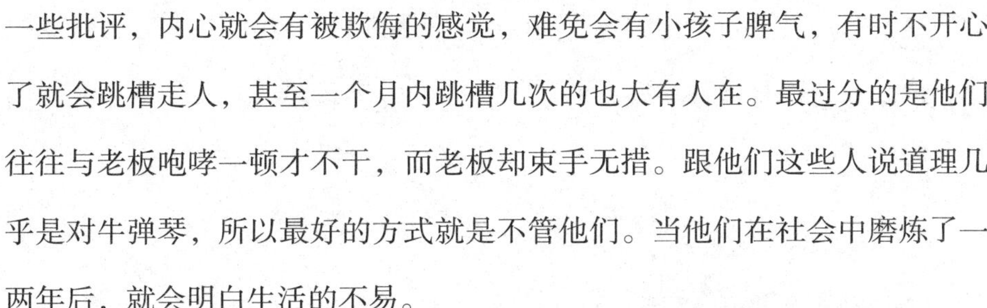

一些批评，内心就会有被欺侮的感觉，难免会有小孩子脾气，有时不开心了就会跳槽走人，甚至一个月内跳槽几次的也大有人在。最过分的是他们往往与老板咆哮一顿才不干，而老板却束手无措。跟他们这些人说道理几乎是对牛弹琴，所以最好的方式就是不管他们。当他们在社会中磨炼了一两年后，就会明白生活的不易。

第三，趁人之危型。生活中有些人在你有求于他的时候，他们就会以为自己有机可趁，认为你不敢对他怎么样，所以他们选择的不是雪中送炭，而是趁人之危，对你提出很多不合理甚至是过分的要求，以求让自己获得最大的利益。

这种趁人之危的人是最可恶的，趁着你情况危急的时刻，对你提出一系列的不合理的要求，甚至还对你肆意批评，数落你的种种不是，仿佛你真的欠他很多一样。当你有求于他的时候，你们往日的情分仿佛就没有了，令人像被浇冷水般，心凉了半截。对待这类人，仅仅是对他们好言相向是不够的，要拿出自己的气势来。不能让他们占尽先机，要有大刀阔斧的决心，既然他们不顾你们的情分，那就要和他们分清楚关系，即使情况再如何危急，也不能请求他们。该对他们恶言相向时，就要说些狠话，不能弱了气势。

在生活中，总会有一些出乎我们预料的情况发生，况且人心复杂，我们很难完全掌握一个人心中都想了些什么。如果你总是一副好脾气的样子，那你的心思是很容易被别人把握住的。所以说在别人面前，不能表现得太过随和，要做一头有脾气的“老虎”，不能总是示弱，要表现出自己的权威，要表现出自己的脾气，要敢于发威。

既然你是一头猛虎，那你就表现出自己的威力，让别人能够完全信服你，这样你的生活才能更美好。在生活中不发脾气是为了让生活更加顺心，但是只有你是一头能发威的老虎，你的生活才能够顺心，你才能够做到少发脾气。

【赢家策略】

人性真的是很复杂，有些人你对他好，他非但不会记住你的好，还会对你恃宠而骄，你不仅不能得到他的回报，甚至他还会在你背后对你使一些小动作，觉得你不会对他怎么样。这并不是我们每个人想要的情况。

当你发威时，他反而会忌惮你，会在你面前当一只小猫。否则，他就会以为“山中无老虎”，他自己就想称王了。人在生活中，就应该做一个会发威的“老虎”，决不能当“病猫”。

7. 该批评的时候绝不留情

很多人在生活中从来不说重话，说什么话都是温语相劝，怕把话说重了引起双方的不快。他们在平时和人说话时都是小心翼翼的，还以为自己这样是掌握好了说话的分寸，有的人还为此自鸣得意。其实不然，这只是一种软弱的说话方式，真正拿捏好说话分寸的人，该说软话的时候说软化，但是该骂的时候也决不留情。

生活中，碰到一些事情后我们的一些意志就会动摇，这种时候需要一些监督者的角色来约束我们，需要他们在关键的时候骂醒我们，就如同生活中的诤友。

今天，人们都越来越会做人了，都是秉着不求有功、但求无过的心态同人交往。在日常应酬中，往往都是奉承话说尽，希望以此来给彼此留下一个好印象。但是大家已经对人际交往中的这一套都厌倦麻木了，好话说尽却让人觉得有些虚伪，倒不如该骂的时候骂，该批评的时候批评，这样反而让人觉得你是真性情，让人觉得你这个人很真诚。

在工作中，无论你是领导还是下属，都不应该仅仅保持着一个好脾气。倘若你是领导，确实一般情况下领导不能随便责骂下属，要和他们诉说你的想法，要把你对他们的要求和盘托出，要求他们听从你的指示行事，你尊重他们，也要求他们尊重你。

但是，对于某些下属却不能用心平气和的谈话方式来交流，如果你已经把你的指令告诉了他们，把你的工作安排给了他们，但是他们却不遵行，甚至还故意违反，和你唱反调，更过分的是屡劝不改，这种时候就应该把好脾气收起来，该骂的时候一定要骂。对待下面的几类下属，我们一定要表现出自己严厉的一面，告诉他们你的不满。

(1) 品行不端的下属。有些下属在个人的私德上面不过关，不注意自己的言行举止，甚至有些时候还心术不正。有时即使没有损坏集体的利益，但他们的行为也会对公司造成恶劣的影响。最常见的就是私自拿公司东西的行为。有些员工为了省钱，就私自将公司的一些东西带回家，久而久之，甚至会带着公司其他人一起效仿这些行为，对公司风气造成恶劣影响。

对于下属这种私自拿公司物品的行为绝不能容忍，否则就会让这一行为造成不良影响，必须对此加以指责，该劝要劝，如果劝而不改，或更严重的，可能要考虑解雇他们。如果你退缩了，就是对公司的不负责任，是对下属行为的放纵，这种时候绝对不能有好脾气。

(2) 好吃懒做的下属。员工是公司的一员，是这一集体的一分子，所以他应该认真完成上司提出的合理要求。而上司既然付出酬劳，就有权要求下属做好他的工作。但终归有的下属是懒惰的，他们总想着请假休息，想要找到种种机会偷懒。倘若上司不在公司，那他们就更自由了。

懒惰是很多人的天性，下属如果懒惰，那就是上司领导的责任，上司

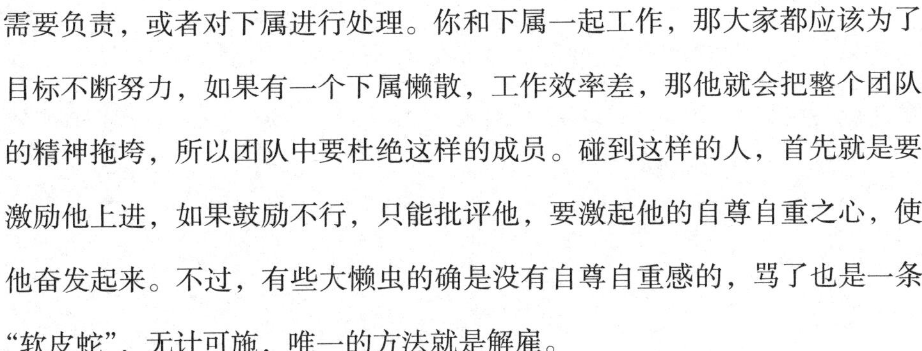

需要负责，或者对下属进行处理。你和下属一起工作，那大家都应该为了目标不断努力，如果有一个下属懒散，工作效率差，那他就会把整个团队的精神拖垮，所以团队中要杜绝这样的成员。碰到这样的人，首先就是要激励他上进，如果鼓励不行，只能批评他，要激起他的自尊自重之心，使他奋发起来。不过，有些大懒虫的确是没有自尊自重感的，骂了也是一条“软皮蛇”，无计可施，唯一的方法就是解雇。

很多人认为在人际交往中批评人、骂人会伤害彼此之间的感情，其实作为朋友，我们应该在看到朋友犯错误的时候提醒他，先是可以用温和的语言告诉他，如果他听不进去的话，就要骂醒他，该骂的时候一定要骂。

请相信，真正的朋友绝对能够体会到你对他的关心，你能够在关键时候帮助他们改正错误，骂醒他，才是真正的帮助他。在当今社会，人人都希望自己身边少一些奉承的人，希望身边能够多一些诤友。

【赢家策略】

很多人都愿意当好人，所以有时也就在生活中表现得很软弱，别人对你做一些很过分的事情，你却连还嘴都不敢，担心损害你的形象。其实现在的社会上，人善被人欺，很多时候你如果只是一副好脾气，那就只有忍气吞声的份儿，还不能引起别人的重视，因为你连自己的权益都不能很好地维护，更不要说是别人的权益了。

当今社会，只有该骂的时候绝不留情的人才能得到人们的关注。因为这些人更加直接，有什么话都当面说出来，反而比那些好好先生更让人信任。当有人损害到你的利益时，你就要发声来维护自己的权益，该骂的时候绝不能留情，只有这样别人才不敢损害你的利益，你才能得到别人的尊重。

8. 所谓领导，就是冷面掌权铁腕立威

一个人的魅力，不仅来自于自身的能力，还来自于你身边的人对你的态度，来自于你对他人的威慑力和领导力。生活在这个世界上，你应该有相应的地位，无论是说话还是办事，都应该得到他人的认可和追随。这样的人才具有领导能力，在为人处世中具备号召力，从而容易办成一些大事，成就大的事业。

在一个组织里，领导者应该维护好自己的权威，将自己手中的一些权力很好地运用。只有掌握好权，别人才会承认你、敬畏你，否则如果大权旁落，那你的处境就非常危险了，很有可能会失去对整个团队的领导力。

此外，还要学会冷面铁腕掌权，通过自己的手腕来树立权威。领导者切忌优柔寡断，在得到权力、使用权力、维护权力、掌握权力方面都要把

自己的好脾气收起来，该发脾气的时候就发脾气。这时候，领导者不但要有铁石心肠，还要头脑睿智，能够判明形势，把握好大局。

一个领导者，要想让下属对你心服口服，尊重并执行你的决定，这是由你在团队中的威信决定的。只有有威信的领导者，在团队中说的话才有分量。这一点就要通过“手腕”来决定了，也就是通过领导者在日常工作中讲话和办事的方式来树立你的领导力。

在工作中，身为一个领导者，“无威”不治。那么领导者的权威来自于哪里呢？一般来说，领导者的权威来自于日常积累的个人权威。

很多领导者都有一个错误的认识，以为有了职位就有了权威，就有了职位所具有的领导力。这是相当错误的一个想法。你或许是一个身居高位的老板、部门主管，或许是一个地区的销售经理，但这并不代表你就拥有了相应的权威。还需要你在日常的工作中，时刻明确自身的职责，掌握运用权力的技巧。这样才能不断地积累个人权威，成为同所处职位相符的领导者。

很多时候，职位本身就带有一种权威，这种权威给了我们一些权力，让我们以为这就是我们自己的个人权威。其实并非如此，个人权威完全是靠个人魅力来获得的。也许你刚上位时，大家出于对职位的畏惧而对你尊敬有加，对你的话言听计从，但是这种职位权威只能影响一时，并非是长久之计，等到大家熟悉你之后，就需要你的个人权威来主持工作了。

个人权威能把单纯的服从变成真正的长久合作。不过分依靠手中职权，而依靠自身魅力影响他人，才是真正的厉害角色。

一个人要想积累个人权威，那就要展示个人魅力，比如：长远的目光，或是始终充满自信地帮助他人，以自己渊博的学识、娴熟的技能和丰富的阅历，赢得他人的追随。

当然了，如果想立威，冷面和铁腕同样是离不了的。无论是一个什么样的组织，其团队的运转和管理都需要一个铁腕式的领导者。身为一个组织的负责人，首先就要有说一不二的霸气，要做一个铁腕人物，这样才能用铁的手腕管理和完成自己的使命。一个铁腕者不一定非要“冷面”，但当手腕不管用的时候就需要用“冷面”了，就要把你的脾气摆出来。反之，以好脾气示人，如何掌权立威呢？总而言之，做一个铁腕的领导者，需要把握好如下几点：

第一，原则性强。有原则是当领导的关键之一，它是领导者落实决定和实现目标的决心体现，表达了领导者不会轻易妥协的作风，下了一个决定就一定会去落实。当然了，下决定要慎重，要深入实际，进行跟踪调查，随着条件变化而及时进行调节，以实现决策的最佳效益。这样才能保证决策的正确性，才能让手下的人充分地信服你。

第二，善于变通。领导者还要做到适应性强，能够根据情况来及时做出调整。毛泽东说过：“把已定计划加以改变，使之适合于新的情况。部分地改变的事差不多每一个作战都是有的，全都改变的事也是间或有的。鲁莽家不知改变，或不愿改变，只是一味盲干，结果非碰壁不可。”所以说，领导者要懂得变通之法，这样才能不会被困难打倒，成为能够在关键时刻让人放心和信赖的人，成为众人心目中的主心骨。

第三，抓住重点。身为一个领导者，要做的不是长篇大论，而是长话短说。要能够抓住重点，既要抓主要矛盾解决主要问题，又要随着条件的变化而采取灵活措施，遇事要看到事物的关键点，直至要害，把握住最主要的东西。这样做，才能够让人信服。

第四，坚持民主。铁腕人物的权威不在于日常的独断专行，而应在团队内坚持民主，先是广泛听取大家的意见，最后在总体上进行总结，在把握全局的基础上得出正确科学的决策。这样既能调动下属的积极性，让下属都参与到决策制定的过程中，了解到领导者的想法，还能丰富领导者的经验，加强领导者的统筹能力。

领导者拥有自己该有的铁腕领导力，剩下的就是下属应该具有服从和完成命令的良好意识和素养。如果下属不遵守领导者的命令，那领导者就要拿出“冷面”来对待他，该发脾气时就发脾气，让下属知道你的权威。如果屡教不改的，那就应该辞退他。总而言之，要通过各种方法来维护自己的领导力，这样才能够成为真正合格的领导者。

【赢家策略】

领导者对团队发展作出宏观指导、调控，所以应该总揽大权，这样所有人员才能朝着一个方向努力，带领大家取得最终的成功；相反，如果团队中出现了两个人下决定的话，那么决策上必然就会产生分歧，很可能最后传出两种声音，而整个队伍就不能凝聚在一起，势必朝分散的方向发展，最终将导致失败。

总揽大权也不是说就要独断专行，而是说掌握住团队的领导权，在适当的时候可以放权。如果过于相信或依赖下属，事事听之任之，不发表出自己的声音，那么一些野心很大的人很可能会有意地放空你，甚至会“篡权夺位”，最终损害到整个团队的利益。

9. 让人看到你“不好惹”

俗话说“软的怕硬的，硬的怕不要命的”。欺软怕硬是人的一种劣根性。生活中就是有一些人专门去欺负软弱的人，从欺负他人的过程中找到属于自己的满足感。而他们之所以敢作威作福、将自己的火气撒到那些软弱善良的人身上，就是因为他们清楚，这样做并不会遇到什么反抗，完全不用考虑会招致什么值得忧虑的后果。

在生活中，我们应该表现出自己强硬的一面，不要总是一副好欺负的样子，让所有人都觉得可以拿你来出气。其实，把自己的好脾气收起来，受到欺负时不要总是容忍，该发火时要发火，要据理力争，让那些恃强凌弱的人知道我们的厉害，看到我们不好惹的一面。

人是应该有一点锋芒的，虽然不需要像刺猬那样浑身都是刺，一副全副武装的样子，但也要像蜜蜂那样有自己反击的尖刺，别人侵犯你的利益时，你就要用你的刺来反击，至少要让那些想要冒犯你的人知道你是不好惹的，他们想要欺负你就要做好被扎的准备，这样人们才不会随意地冒犯你。对于那些善良和气的人，我们当然要好言相向；但是对于那些没事找事的恶人，你只能是“腰里别副牌，谁来跟谁玩”。

无论什么时候，有实力的人都是无人敢惹的，实力本身就是人的一种底气，是人对外的一种威慑力。所以一个人展现出自己的实力后，那别人都会知道这个人是不好惹的。也就是说，你在平时要注意展示你雄厚的力量。比如：一个令所有人羡慕的职业、在某一领域取得的成就、广泛的人际关系、神秘莫测的后台等等，这些都会在周围的人群中造成一种你不好惹的印象。你会让这些人知道，即使你平时对人温言细语，也只是你不愿意发威；但你是一个能量巨大的人，不发威则已，一旦发威则后果难测。那么人们一般就不敢招惹你，持有这种形象的人也很少受气。

总而言之，一旦让人知道你不好惹，那别人想要惹你的时候就要掂量一下。就好比在人心中种下了一颗种子，别人想惹你时，这颗种子就会发芽，提醒别人你不好惹。从此，你便可以在树荫下纳凉，再也不用担心别人敢平白无故地欺侮你。

【赢家策略】

让人知道你是不好惹的也要注意手段和方法。必要的情况下你可以找一两个典型，起到“杀鸡给猴看”的效果。

当然了，你也不用现还现报，只要让冒犯者知道你的厉害就可以了。比如有机会抓到冒犯者的一两件事情，借此大作文章，让他能够吃点苦头就行。这就能起到某种普遍性的威慑作用。

第九章

厚道原理：做人要有好脾气，但是要看对谁

脾气好，历来是有好人缘、会做人的同义语，得到世人的心理认同。但是在现实世界里，用好脾气待人还需区分对象，才能在处理人际关系的时候游刃有余，始终掌握主动权。该有好脾气的时候，能够耐住性子，有助于赢得融洽的关系；该使性子的时候，让对方见识你的不好惹，才能保持合适的距离，实现关系的平衡。所谓运用之妙，全在内心的体察。

1. 做人须厚道，但要看对谁

有一个真理众所周知，就是做人要厚道。但是一个人只厚道也不行，厚道时应该搞清楚对象，不同的人应该持不同的态度。比如，别人对你诚信、有原则，你就应该一样的回应，这样你就打开了成功人脉的大门；别人对你尖刻、耍心机，你再以此回应，就是对自己残忍。

很多时候，当你投身利益纷争、竞争激烈的环境当中时，你只要做自己该做的就可以了，而不必为了所谓的厚道沾惹是非。做事坦荡荡、勇于拼搏，有时也要拥有野心，这样才能成就大事业。总之，“厚道”没有对错之分，主要的是你面对的是谁。对于那些处处设防、心怀鬼胎的小人，一定不要厚道，你可以不去伤害别人但不要让小人得逞。

大家都知道“赔了夫人又折兵”的故事。在三国赤壁之战以后，刘备向东吴强借，占据了荆州等地。东吴大都督周瑜想办法要讨回荆州，于是心生一计。当时刘备的正妻去世，周瑜听到这个消息后，想出了一个绝代计谋：把孙权的妹妹孙尚香嫁给刘备，并让他来东吴娶亲；然后把刘备幽囚在狱中，用刘备的命来换取荆州。

于是，周瑜派吕范为媒人，到荆州说合好事。没想到诸葛亮神机妙算，早就知道了这是周瑜的计谋，于是让刘备假装答应，并让赵子龙保护刘备。临行前，诸葛亮给了赵云三个锦囊，让他在关键时刻使用。

孙权的母亲见刘备一表人才，真心实意要把女儿许配给他。周瑜和孙权不想此事弄假成真，又不敢公开囚禁和杀害刘备。刘备劝说孙尚香去荆州，最后以江边祭祖为名，逃离了东吴。周瑜派兵追赶，却被孙尚香挡了回去。正当周瑜准备孤注一掷时，却见诸葛亮早在岸边等候，刘备等已登了船，往荆州而去。

周瑜再行追赶也无济于事了，只能看着刘备远去。刘备的兵望着急急追来的吴兵，大叫“周郎妙计安天下，陪了夫人又折兵”。周瑜自恃胜券在握，不想遇到了诸葛亮，才有了“偷鸡不成反蚀把米”。

刘备向来以“仁”为宗旨，在被曹操几十万大军追赶的情况下，也要保护追随自己的老百姓，这是他仁术的体现。但是，对待周瑜的挑衅，刘备就不再忠厚相待了。在诸葛亮的帮助下，前往江东娶到了孙尚香又破解了周瑜陷阱，最后还作“周郎妙计安天下，陪了夫人又折兵”羞辱他，气量狭小的周瑜，听此简直就是穿心箭，其用心之狠，无以复加。

“人不犯我，我不犯人；人若犯我，我必犯人。”如果每个人都不主动去侵犯别人，那么天下就太平了，大家都和平相处，是大家每个人的福气。

今天，人际交往越来越复杂，充满了利益纠葛，这让我们不得不重新思考“做人要厚道”的全面性。对待好事，当然要厚道，“投之以李，报之以桃”就是在这种情况下缔造出来的经典；对待坏事，即使再厚道也是徒劳，就要换一种方式解决问题。所以，对待不同的人要持不同的态度，即厚道或不厚道。

这个世界，茫茫人海什么人都有，你对别人厚道别人未必对你也厚道，对于厚道人，以宽厚的心态面对，自然会使关系友好，取得良好的交际效果。但是，对于那些投机取巧甚至更加恶俗的人，就要讲求一定的心机和策略了。

(1) 整天笑脸迎人。这是一种好像没有脾气，任你打骂甚至是羞辱，都总是笑眯眯的人，就算再不高兴，也藏在心里，让你看不出来。这种人不见得一定是坏人，因为他性格如此，整天笑眯眯的，不得罪人。不过你就是怎么也搞不懂这类人心里想什么，就算他对你图谋不轨，你也无从防备。跟这种交流，你最好不要谈及内心的秘密，更不要讨论私人的事情，通常保持基本的礼貌性交往就足够了。

(2) 墙头草。这种人最大的标志就是“见利思迁”，见风使舵，总是往有利的一方倾斜。他们待人接物的原则就是“利”，他们会为了“利”而背叛良心、伤害亲友，今天对你友好，明天就是害你的元凶。和这种人打交道，不要涉及利益、也不要有人情上的往来，甚至可以示意对方，在你身上“无利可图”，以免对方没事就来打扰你，甚至把你拉下水。

(3) 口蜜腹剑之人。这种人不管和你相识多久，开口便是大哥大姐，总是叫得又自然又亲热。此外，还善于恭维你，拍你的马屁，把你“哄”得舒舒服服的。这种人不一定就是你必须防备的“坏人”，但是他们嘴巴伶俐，容易让人不设防，一旦对方有不轨之图，那么你就不知不觉间成了案板上的肉，根本没有反击之力了。

(4) 嘴上不把门的人。这种人喜欢到处串门子，逢人就讲“我告诉你，可是你不可以告诉别人”的“秘密”。对于这种人，如果他也向你传播某人的“秘密”，你当然不可再告诉别人，但你要有所警觉，你如果告诉他秘密，那么很快，你的秘密将不再是秘密。

(5) 深藏不露的人。这种人把自己隐藏起来，让你不知道他的过去、家庭、朋友，也不让你知道他对某些事情的看法。换句话说，他们高深莫测，让人很没安全感。这种个性，大多是受到环境影响造成的，不见得对方是“坏人”。不过，跟他们交往，往往需要你小心谨慎，因为他们深不可测，而你暴露无遗。所以，跟他们交往的最好办法就是保持距离。

【赢家策略】

无论什么时候，我们都要在心底保持着厚道，但是害人之心不可有，防人之心不可无。不能将自己的心全部暴露在别人面前，要保护好自己的秘密，不能什么时候都以真心待人，不然只会任人宰割。

世界之大，什么样的人都有。所以我们要有“见人说人话，见鬼说鬼话”的本事。即使厚道待人，那也要看对谁，这样才能够保护好自己。

2. 对亲近的人不妨屈就一下

生活中存在着各种各样的情况，很多时候难免会与人为恶，这是很正常的情况。每个人都有争强好胜之心，所以有时候可能会为了胜别人一筹而一步不退，弄得双方都下不了台。其实斗争是一门艺术，是和人际交往的艺术相互辉映的。真正善于斗争的人能够把它和人际交往结合起来，你争的时候我退，我争的时候你退一步，双方通过利益的相互妥协，都得到了自己想要的。在与他人的争斗中，能够做到在合适的时候主动向自己的对手投降，让他人得到一些利益，这才是待人处世的上策。

生活在世，难免少不了争强斗胜，人总会因为各种各样的原因同别人生气、动怒、较真，这种情况是无可避免的。很多时候，我们需要找明双方争执的原因，如果是关乎原则性的事情，当然要一步不退，坚持到底。这样还情有可原，说得过去。但如果是为了一些小事就大动干戈，与人争执不休，那就有点小题大做、毫无意义了。其实大多数情况，和我们争执的都是我们身边的人，他们有的和我们关系亲近，有的可能是我们的同事，有的也有可能是我们的邻居，这些人大家都抬头不见低头见，所以不妨在不是很重要的问题上退一步，对他们屈就一下。

在现实生活中，人与人之间的相互“得罪”，往往是由于彼此之间的不了解，因为不知道对方的某些习惯和喜好，从而导致了双方之间产生了误会，而有时误会出现了，自己却并不能够察觉到，以至于不能够及时地消除。过于坚持着自己的看法，觉得对方在意的事情只是微不足道的，不愿自己的“尊严”受损，不愿意退步去屈就对方，所以造成了双方的交恶。无论是日常生活还是工作中，都是如此。

在一次公司的日常工作会议上，财务主管王某对自己的同事生产主管张某发言中的有些观点提出了不同的意见。王某比张某年轻几岁，说话有着年轻人特有的冲劲，但是可以听出他是本着向张某学习的态度向张某说的这番话，言语之间虽然有些激烈，但还是很诚恳的。可张某却对王某的话产生了误解，在他看来，王某的言辞如此激烈，那就是在故意同自己过不去，在有意找茬寻事，因而他也不理王某的话，对他置之不理，整个大会上一言不发。等到会议结束后，他们两人也是各奔东西，并没有再做交流。王某看到张某的这种态度，以为他是仗着比自己年长几岁，资格老，就对自己摆架子、卖关子，看不起人，想让自己去求着他请教。两人因此平时也互相不配合，别别扭扭了很长时间，甚至影响了工作，最后还由他们上司出面才基本解决了问题。

其实，这件事情是完全可以避免的，张某和王某只要有一个人心胸开阔一点，能够给对方一点包容，在私下里主动退一步，去找对方诚心诚意地解释一番，就能将这一误会消除。但是因为两人都不愿意退一步，委屈自己去迁就对方，两人也不愿意放下自己的“架子”，去主动交际一下对方，这才有了现在的局面。

平时的工作中，与同事之间因为一些意见不合而磕磕碰碰是不可避免的。既然双方的出发点都是为了工作，那不妨平心静气地好好谈一谈。有时候主动退一步，放弃对抗，向对手投降，是一个避免双方不愉快的优良方式。同事是我们每天都要碰面的人，所以和同事在一起时应该多一些理解，只要知道大家都是从工作出发的，那心胸就会开阔很多，有事的时候多在一起交流，了解一下对方的看法。

主动退一步，向对手投降，这并不是弱小和怯懦的表现，能够主动去屈就对手，这是一种以退为进的竞争策略。在现代社会中，大家都是心高气傲的人，能够主动退步的人越来越少，所以应该坚持和发扬这种方法，通过这种手段消除对方的敌意，让对方看清楚你的诚意，这样还能够化敌为友，让自己变得更加强大。

我们每天都有可能在生活的角落里看到有人由于利害的冲突和恩怨的纠葛，轻一点的就是互相指责和谩骂，严重一点的甚至会大打出手。见惯了这种事情，与人相处时，我们不妨保持着淡然的心态，在不是很必要的时候不妨就主动退一步，去屈就一下对方。这样对双方都有好处，能够让双方的心情都平静下来，心平气和地好好谈一谈，不仅使矛盾淡化下来，而且还显示了自己的风度，赢得了对方的好感，能够使双方和谐相处。

生活中并不是所有的东西都需要争才能够得到，有时候不争才是争，退一步反而海阔天空，能够离自己的目的近一点。所以有时候让自己保持着一颗宽容淡泊的心，不但不会让自己一事无成，反而还能够得到别人的认可，能够让自己走得更远一点。

【赢家策略】

其实仔细想一想，人生何其短暂，我们哪有时间去计较所有的小事呢？所以说不妨以一个宽容的心态去对待身边的人们，在双方起争执的时候，先将心态缓和下来，以一个淡然的心态来将大事化小、小事化了。当然，最重要的就是调整自己的心态。

(1) 看轻名和利。无论是多么高的名和利，当生命走到最后的时候都将会消失，因此说对于名和利，只要尽力就好，不要去争得你死我活，要淡然一点。

(2) 看轻得与失。世事无常，人有悲欢离合，月有阴晴圆缺，有时候塞翁失马，焉知非福。反正一切都要失去，不如抱着“得之我幸，失之我命”的心情。

(3) 看清楚是是非非。这个世间不要为了是是非非而争斗，从而伤了和气，等到最后回首时才发现一切都是一场空，那些争斗犹如一滴小水滴，毫无意义。

拥有这样淡然的心境，凡事不要斤斤计较，在必要的时候去屈就一下对方，你会看到一个不一样的世界。

3. 朋友之间不记隔夜仇

中庸之道，是儒家的最高标准，此外，它更是一种做人的至高境界。掌握了中庸之道的人，那么他便一定能掌握为人处世的分寸。在为人处世中，交友是一个重要的部分，自然少不了讲求中庸之道，对待朋友要简略而文雅，温和且合情理，也即“淡而不厌”、“简而文”、“温而理”。因此，对待朋友，不可耍脾气、使性子，更不能记隔夜仇。

朋友就像一把伞，没有朋友的人就是雨中无伞的独行者，雨淋心头也只能自己默默承受。由此可见朋友的重要性，或许他不能为你完全抵挡狂风暴雨，但起码也能为你撑起一片晴空。朋友既然如此重要，我们就应该用心经营，交朋友贵在交心。一个人想在生活和工作中面面俱到，不得罪任何人，和谁说话都应他的心，这恐怕是任何人都做不到的。要知道，在生活和工作中与朋友有意见分歧甚至冲突，都是正常的。

朋友之间不怕出现问题，就怕出现问题了而不会去解决。朋友之间有矛盾也是可以继续往来的。

朋友之间出现问题，一定是有原因的。首先，任何分歧往往都是起源于一些意见不一的具体事件，而并不涉及个人的其他方面。而且事情过去之后，这种冲突和矛盾可能会由于人们思维的惯性而延续一段时间，但时间一长，也会逐渐淡忘。所以，不要因为过去的小意见而耿耿于怀。只要你大大方方，不把过去的当一回事，对方也会以同样豁达的态度对待你。

其次，即使对方仍对你有一定的成见，也不妨碍你与他的交往。彼此之间有矛盾没关系，只求双方在工作中能合作就行了。由于工作本身涉及到双方的共同利益，彼此间合作如何，事情成功与否，都与双方有关。如果对方是一个聪明人，他自然会想到这一点，这样，他也会努力与你合作。如果对方执迷不悟，你不妨在合作中或共事中向他点明这一点，以利于相互之间的合作。

也许还有更深层的问题，可能他们提出的一个建议被你忽视了，可能你曾在重要关头反对过他们，他们可能会感觉你曾在某些方面怠慢过他们，而他们最终将问题归结为是你个人的原因；还可能你曾对他们很挑剔刻薄，而恰好他们听到了你的话，或是听见别人说了你的话。

三国时期的蜀国，在诸葛亮去世后，蒋琬主持朝政。蒋琬待人宽厚，他的属下有个叫杨戏的，性格孤僻，讷于言语。蒋琬与他说话，他也是只应不答，有时候还对他爱答不理的。有人看不惯，就对蒋琬说："杨戏这人对您如此怠慢，太不像话了，您应该教训教训他！"蒋琬坦然一笑，说："人嘛，都有各自的脾气秉性。让杨戏当面说赞扬我的话，那可不是他的本性；让他当着众人的面说我的不是，他会觉得我下不来台。所以，他只好不做声了。其实，这正是他为人的可贵之处。"后来，杨戏听到蒋琬的话，对他更加忠诚，认真为他做事。有人因此赞蒋琬"宰相肚里能撑船"。

一个人在社会上生存，要想获得更好的发展，一定要有更多的朋友，获得更多的人际资源和帮助。有了朋友的帮助，就会有更多选择。

处理朋友关系的能力就代表一种本事，珍视、修炼自己的这种本事，重要且必要。

与人相处，难免会遇到不顺心的事，如果不懂得运用幽默，就会有许多消极情绪去困扰我们的身心。如果我们熟练地运用幽默，就可以随环境变化调节自我心理。幽默更能减轻尴尬、痛苦，也可以增加我们的幸福指数。

很多时候，我们会碰到尴尬的场面，而最严重的莫过于有人“揭短”，这是最容易让人记仇的事情。所以在对付“揭短”的同时，这几点意识是需要注意的。

第一，不要自寻烦恼。如果我们对别人说过的每一句话都反复琢磨，那就是自寻烦恼，甚至是神经过敏。因为在许多场合，对方根本没想过去伤害你，往往是脱口而出或即兴联想的玩笑话，无意间你却在那里多想。我们为什么要折磨自己呢？不如不去记这种仇，让这点小事随时间过去。

第二，不要轻易反唇相讥。有人不能接受一点“重话”，动辄连珠炮似的反讥，常因为这样而争吵，破坏了原本的关系。一般说来，开玩笑的人若是得到严肃的回应，脸上常挂不住。所以我们不要因为笑话失去一个朋友，给人留下你是心胸狭窄的人的形象。

第三，遇事首先泰然处之。遇到人“揭短”，如果羞怯万状，不知道如何改变处境，以至失态，那就有点显得你“小器”。暂时把“揭短”抛置一边，保持你的风度，寻找其他话题，做些其他的事情，转移别人的视线等才是上策。

生活中其实并没有那么多的仇怨值得我们去记得，有些鸡毛蒜皮的小事不如睡一晚上就将它忘记，更何况朋友珍贵，我们应该珍惜，所以应该做到朋友之间不记隔夜仇，这样才能有真正的友谊。

【赢家策略】

幽默是一种修养，是一种文化，也是一种艺术品质的体现。它能够无形之间帮助我们化解很多仇怨，让我们有很好的人际关系。一般情况下，幽默的人都不会同别人有隔夜仇，因此他们能够得到别人的友谊。厚起脸皮来幽生活一默，你会发现尴尬的场面都会随之化解。

生活就是一张复杂的关系网，身处关系网中，就要有良好的化解仇恨的能力。所以不妨具备高超的脸皮功夫，这样可以让自己时刻充满自信和斗志，妥善应对各种复杂局面。即便被人揭了伤疤，说到痛处，也能够一笑而过，不会因此而羞恨交加，而能够在内心中做到自我平衡，最终扭转乾坤。

4. 随时认清你的敌人是谁

人生在世，要分清楚自己的朋友和敌人，能设身处地地站在你的角度思考问题，并且始终站在你这一边的人才是你的朋友，而那些只在乎自己的利益，为了自己的利益可以出卖一切的人是你的敌人。

《史记·留侯世家》记载，刘邦十万义军攻破峣关，在蓝田大败秦朝关中守军，顺利进入咸阳。进入秦朝的咸阳宫后，沛公刘邦被宫中的美色珍玩吸引，忘乎所以，准备留在秦宫里玩个尽兴不出来了。他的连襟兄弟樊哙劝他他也听不进去。这个时候，张良入宫直谏，很严厉地数落了刘邦一顿，说明了他这样做的错误，并且说了这么一句："良药苦口利于病，忠言逆耳利于行，请沛公听樊哙言。"沛公这才依依不舍地离了秦宫，宣布军队开出城市，到咸阳郊外的霸上驻扎，不许扰民。

有人说，人生路上自己最大的敌人是自己，只有战胜了自己，才能战胜所有的敌人，才能获得成功。每个人的身上都或多或少的有一些缺点，这些缺点在敌人的眼里就会成为自己的弱点，所以战胜自己就是克服自身的缺点。然而人无完人，真正没有缺点的人是不存在的，所以自己战胜自己只能是在某一时刻战胜自己。我们应该庆幸我们还有自己的朋友，时刻站在自己身边，也应该感谢那些让自己时刻保持清醒、不断激励自己进步的人。

那么，应该如何才能认清自己的敌人呢？

首先，从敌人的方面来说，每个人做每件事都是出于某一种或者多种利益，吃饭是为了填饱肚子，更深层次地说是为了有力气工作和学习等，所以我们应该练就一双慧眼和一颗慧心，善于分辨好话坏话、真话假话，善于分析自己现下所处的局势。上文中如果刘邦不能审时度势，最终听从樊哙和张良的直言进谏，而是一意孤行，贪恋美色珍玩，就不会有之后的汉室王朝。

其次，人要学会辩证地分析局势，即所谓的“没有永远的敌人，只有永远的利益”。有时候为了共同的利益，可以暂时联合自己其中的一个或者几个敌人，共同对付另外更强大的敌人。抗日战争爆发之前，国共两党是宿敌，属于国家的内部矛盾，抗日战争爆发后，战争上升到民族矛盾的程度，国共两党暂时放下矛盾，联合起来共同对付日本侵略者。所以，即便是敌人也可以变成朋友。同样，朋友也有可能变成敌人，利益不同了，关系也就不同了。只要能辩证地分析局势，就能一眼看出谁是自己的敌人。

小王是一家大型公司的老员工，在公司中业绩突出，能力也得到了上司的认可。最近公司内部流传说要升任某一个员工为经理，以小王的能力和资历来说，很有可能就是他。小王自己心中也认为这是板上钉钉的事情。

只是没过几天，公司突然挖来了据说很有能力，做过很多大项目的小李。一时间，公司内部就流传说小李就是来当新经理的人。小王得知后就觉得小李会抢走经理的职位，于是处处针对他，工作上也不帮助他，两人之间的关系也有一点紧张。

一段时间后，上司找小王谈话，告诉他将被任命为公司的新经理，小李是公司特意招聘来帮助他处理工作的。小王得知这一消息才知道自己错将小李当做了敌人，险些耽误了工作。

小王的过错险些耽误了公司的事务，所以说在你树敌之前，最重要的就是认清楚自己的敌人，否则只会给自己造成损失。

能认清自己的敌人，就已经很不容易，而能够圆滑或者说世故地处理好自己的敌人，不是一朝一夕就能完成的。这需要掌握以下的一些技巧。

(1) 学会“逃避”。这里的逃避，不是懦弱地不去面对，而是采取一种冷处理的态度。我知道你是我的敌人，我知道你的所作所为是为了什么，但是我不想跟你撕破脸皮，暂时也没有好的办法处理，那么面对你的所作所为，我视而不见，不予评论也不参与，冷眼旁观。久而久之，敌人自然就会被孤立。这是一个比较简单，效果比较慢，同时副作用比较大的办法，因为自己的冷处理可能会影响到自己朋友的利益。

(2) 学会“赞同”。这里的“赞同”也是加引号的，这就是说自己在面对敌人时要采取一种被动的态度，他怎么说，自己都微笑表示赞同，他想怎么做，自己也都表示支持，最后表示自己很赞同很支持他的看法，但是因为某些不可能完成的因素，自己也爱莫能助。这样既显得自己很友好，不会激怒对方，同时也可以不做自己不愿做的事情。

(3) 学会强硬。强硬处理自己的敌人就是要主动出击，是上面两种办法都不管用的情况下不得已使用的下下策，毕竟虽然是自己的敌人，但还没有放在明面上，这里一旦强硬起来，就是要撕破脸皮。谁也不想给自己树立太多的敌人，但是如果敌人把敌意表现得太过明显，自己也不能示弱。自己越是表现得弱势，敌人就越强势。所谓的强硬就是敢于面对自己的敌人，勇于维护自己的利益，明知已经不可能私下里解决，那么就果断地高调处理。

其实，认清敌人、处理问题的过程就是战胜自己的过程，战胜自己就是战胜敌人，战胜敌人就是战胜自己。

【赢家策略】

生活中，只要找到自己真正的敌人，那就能够用合适的方法来应对。有了合适的应对方法，就能在今后的道路上逢凶化吉，将自己的路越走越顺。

总会有太多的假象来迷惑着我们，以至于我们不能够清楚地看到现实，看到本质。只有擦亮自己的眼睛，才能够找到问题、找到敌人，从而妥善地解决自己的问题。必要的时候该发脾气就发脾气，只有这样才能真正掌控全局。

5. 善于化解各种敌意

古往今来，社会都是一个复杂的关系网。人在社会上生存，总会因为各种原因而树敌。要想取得一定的成就，安享功名利禄，就要善于处理各种敌意，能够左右逢源，逢凶化吉。

史书评价唐朝名将郭子仪："权倾天下而朝不忌，功盖一代而主不疑，侈穷人欲而君子不之罪。富贵寿考，繁衍安泰，哀荣终始，人道之盛，此无缺焉。"回望历史，谋勇兼具、立有大功的名将数不胜数，然而功高不遭人嫉恨、得以寿终正寝的却寥寥无几，谋臣的血泪、勇将的哀伤将一部中国史浸染得斑驳殷红，帝王大事已成后"屠功狗"之悲剧史不绝于书。难怪有人感叹："自古美人如名将，不许人间见白头！"一个人要想做到权倾天下而满朝文武不嫉恨，功盖群臣而帝王不猜忌，难度之大，可想而知！数千年历史也仅有一个郭子仪做到了。

郭子仪善于化解敌意，缓和矛盾，满腹辛酸往肚里吞，能忍常人所不能忍，善于"打落牙齿和血吞"，这就是他能够化敌为友、善始善终的奥秘。

人和人之间因为性格、经历等的不同，世界观、人生观、价值观也会不尽相同，各自也会有不同的脾性和喜好。当我们迈入社会，面对形形色色的人际关系，误会总是难免的，那么我们因该如何避免和化解这些误会呢？

（1）及时沟通，互相了解。

由于我们所处的生活环境和工作环境不同，我们所处的位置决定了我们看待事物的角度，甚至每个人的学识水平不一样、修养不同，我们对同一个问题的看法也会不同，这样相互之间的争议甚至误会就不可避免。

有些人因为性格或其他方面的原因，当你获得一些成绩或者得到上级的赞赏时，他们会产生嫉妒心理，产生敌意，甚至在背后散播谣言诋毁你。这个时候，与其和对方当面对质，讨个说法，不如平心静气。一是对方可能死不承认，反而显得你没事找事；二是真的撕破脸皮，也会影响自己在其他同事之间的形象，不利于今后工作的开展，得不偿失。所以最好的办法就是平心静气，本着澄清事实、以德报怨的心态，私下里主动与上司和同事沟通，敞开心扉谈谈自己的想法。注意不要使用攻击性的言辞，不能有居高临下的态度，得理不饶人，更不能怀着报复的心理，只要能将谣言攻破，缓和与同事之间的误会，就算是达到了自己的目的。毕竟大家以后还是同事，还要共事，还是要以和为贵。

心平气和地互相沟通，学会换位思考，站在对方的角度思考问题，会有意外的收获。

（2）胸怀宽广，将敌人变成朋友。

威尔斯从祖父那里继承了一个牧场。有一天，他养的一头牛冲破附近一户农家的篱笆，将农夫的玉米偷吃了，结果被农夫给杀死了。根据当地的约定，农夫应该通知威尔斯并说明原因，但是农夫并没有这样做。

威尔斯得知此事后，非常生气，于是一气之下就带着人去找农夫理论。此时正好碰到了强烈的寒流，他们走到一半儿，人就几乎都要冻僵

了。好不容易抵达木屋，农夫却不在家，但是农夫的妻子热情地邀请他们进屋等待。

不久，农夫回来了，妻子告诉他："这些人都是顶着强烈的寒流来的。"威尔斯本想开口与农夫争吵牛的事情，忽然又打住了，只是伸出了手。农夫完全不知道威尔斯的来意，以为他是来这里做客的，便开心地与他握手、拥抱，并热情邀请他们共进晚餐。

这时，农夫满脸歉意地说："不好意思，委屈你们吃这些豆子，原本这阵有牛肉可以吃的，但是忽然来了这么一个鬼天气，就没有办法准备了。"威尔斯注意到孩子们听见有牛肉可以吃，高兴得眼睛都发亮了。吃饭时，威尔斯看起来似乎忘记了牛的事情，只见他与这家人开心地有说有笑。

饭后，天气仍然相当差，农夫一定要两个人住下，等天气变好了再回去。于是，威尔斯与佣人在那里过了一晚。第二天早上，他们吃了一顿丰盛的早餐后就告辞回去了。在回家的路上，佣人忍不住问他："我以为你会和农夫谈论牛的事情呢！"威尔斯微笑着说："是啊，我本来是抱着这个念头的，但是后来我发现我并没有白白失去一头牛啊！因为我得到了一点人情味。毕竟，牛在任何时候都可以获得，然而人情味，却并不是很容易得到。"

故事中的威尔斯，尽管失去了一头牛，但是他却得到了更珍贵的东西，那就是农夫一家的友谊。这段经历，更让他懂得生命中哪些才是无价的。

宽广的胸怀能够帮助自己化解他人的敌意，不使矛盾激化和公开化，能够将矛盾双方变成朋友。当我们面对误解时应该采取心平气和、淡然处

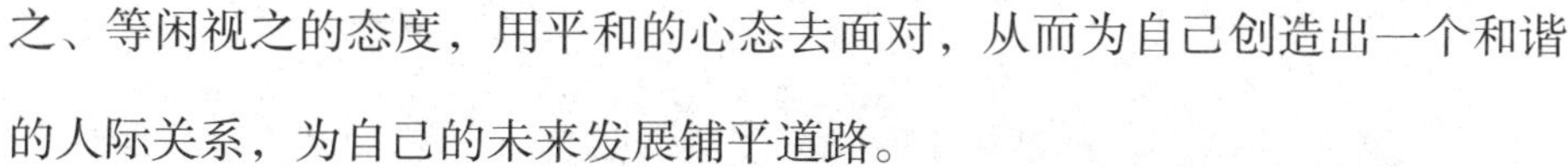

之、等闲视之的态度，用平和的心态去面对，从而为自己创造出一个和谐的人际关系，为自己的未来发展铺平道路。

总之，培养宽容忍让和乐观豁达的心态，有利于在他人眼中树立自己的良好形象，对自己的生活和事业有莫大的好处。

（3）坦然面对，自我反省。

将相和的故事中，廉颇在得知蔺相如的真实想法后，敢于坦然面对自己的自私和自大，善于反省自身，勇于承认错误负荆请罪，才使得矛盾化解，赵国在二人的共同努力下才得以成为战国七雄之一。

站在廉颇的角度，当我们与他人产生矛盾与误会的时候，不仅应该质疑对方的观点，更应该冷静下来，首先反观自身，认真思考自己是否有做的不合理的地方，分析与对方产生矛盾的原因，站在对方的角度去思考对方的观点是否有合理的地方；更重要的是，无论对方对错，首先应该对对方抱着宽容的态度。

站在蔺相如的角度，即便是已经确定自己的行为和言辞没有不合理的地方，而对方是错误的没道理的，也不应该得理不饶人。所谓“见贤思齐焉，见不贤而自省也”，就是时刻告诉自己，对方是对的就要向对方学习，对方是错的，就要时刻反省自己有没有犯过这样的错误，如果没有，更要引以为戒。

生活中，只有妥善地处理好各种敌意才能让自己不被别人的敌意所包围。如果碰到各种敌意就以争执来应对，那最终只会因为无法处理好敌意而造成四处树敌的局面。

【赢家策略】

当有人对你怀有敌意，背后诋毁你，散播不利于你的谣言时，自己要做的不是斤斤计较，愤愤不平，而是更应该做好自己的事情，去证明自己。谣言止于智者，大家自然会看清楚谁对谁错。

一个人最大的敌人不是别人，而是自己，自己心里没有敌意，所有人都是自己的朋友，自己心里有敌意，所有人都是自己的敌人，所以一个人真正应该消除的是自己内心的对这个世界的敌意。

第十章

赢家操纵术：剥去『好脾气』的伪装，即在心灵上解放

伴随着年龄的增长，阅历的增加，一个人应该走向成熟，学会理性面对外部世界。因此，那种盲目倡导"好脾气"的做法，早就该丢进垃圾桶了。对每个人来说，剥去"好脾气"的伪装，才可以实现心灵的解放，在成长中增加进步的智慧、放大生命的精彩。

1. “好坏”不是这个世界的唯一标准

在今天的生活中，人们已经习惯了把好坏作为判断事物的标准，一件事情，不是好的，那必然就是坏的。但是好和坏真的有标准吗？什么是好的？什么又是坏的呢？如果我们仔细想一想，就会发现好和坏其实并没有一个明确的界限。同样的一件事情，有的人认为是好事，但有的人却认为是坏事情；同样的一个人，有的人觉得这个人不错，但也有的人却觉得这个人很差劲。金无足赤，人无完人。优点和缺点共存才是事物的本质，好坏共处一体才是最正常的，好坏没有截然界限，也不是这个世界唯一的标准。

我们在生活中完全不必去追求做一个“老好人”，你自己眼中的好人，也许在某些人的眼中就是坏人。很多时候，利益在人际关系的交往中都是第一位的，天下人皆为利来利往。物以类聚，人以群分，民族、党派、团体、个人，没有好坏，只有利益。你和别人利益一致，那你在他眼中就是好人；反之，如果利益相反，你在他眼中就是坏人。俗话说：打虎亲兄弟，上阵父子兵，兄弟之间、父子之间应该是最亲切的。但历史却不乏兄弟之间因为利益而反目的例子，为争夺皇位，宫廷政变，玄武门兵变，杀父轼兄，手足相残……这一切并不是因为好坏，单纯的是因为利益。

其实，我们不必去纠结要怎样才能给人留下一个好印象，也不必纠结于某件事是“好”还是“坏”，我们要做个“好人”还是“坏人”。如果你影响了别人的利益，那么不管你做的事情有多完美，你的人品有多好，你都不会得到别人的喜欢，在人家眼里都是个坏人。因为站在对方的立场，你触犯了他的利益。

不论我们是别人眼中的好人也好，坏人也好，都无定论，但是，我们一定不能做别人眼中的“烂好人”。如果你除了好脾气外，什么都不能带给别人，那你也就失去了自身的价值，别人就会忽略你。

所谓好人，更多的时候人品要正，行得端做得正，那就是一个好人。好人并不是一个没有脾气的、一味妥协的人。当有人触及你的原则和底线时，你为了维护原则应该据理力争、甚至大发雷霆也在所不惜。如果一个人只有好脾气，却没有原则、没有主见、没有自己的坚持，只为了让别人满足而一味地退让，那他只能是一个烂好人。烂好人不知是因为性格还是因为单纯地想让别人满意，总而言之，他们没有自己的底线，反正是有求必应，也不管该不该对不对。其实有些时候他们也想坚持一下，但是一见到别人发火的样子，他们立刻就软下来了，什么原则和坚持都抛在脑后，只知道妥协和退让。也许他们做个让人满意的好人的方法就是妥协和退让，但是这种人也不会得到别人的喜欢。

烂好人缺乏坚持和原则，所以很多时候他们都是以别人判断是非的标准为标准，直接导致他们是非难分，当事不能解决的时候，无论对与错，便“牺牲”自己来“成全”大家；有时也想坚持一下自己，但是往往总是自我埋怨，检讨自己这样做是不是不应该。

这种情况主要发生在刚进入职场的新人中。有一位刚刚毕业进入职场的大学生，初进公司总是小心谨慎，每逢休假日值班，只要谁开口，她都答应，久而久之她变成了值班专业户；平时上班，她也总是早早就到了，收拾台面，打扫办公室，只要谁说一句“没吃早餐好饿呀，有没什么东西填肚子?”她就赶紧拿出自己买的牛奶麦片，送到他们手上。她的努力也没有白费，没多久她就成为了大家口中的“好人”。

但随着工作的渐渐增多，她没有时间再像以前一样帮他们跑腿，这时人们就开始埋怨她，有的同事还当着这位大学生的面开涮：“摆什么架子吗？来来来，帮我去买一份早餐去。”“嗨，去仓库帮忙领一包打印纸过来，我们等着用呢!”碍于情面，她还是做了。

这位“大好人”沦落为公司同事的专职打杂人员，更为悲惨的是因此耽误了不少工作，让经理不满意。

有一次这位朋友的主管差她去车站帮他接一个亲戚，结果刚出公司大门就被出差回来的经理撞了个正着，经理问她去哪，她就说出去招工。后来经理不知从哪里知道了事情真相，觉得她身为人事部职员，都不能做到诚信二字，根本不能称职！经理一气之下辞退了这位“大好人”。

生活中的人各种各样，什么性格的都有。我们想要处理好各种各样的人际关系，仅靠妥协退让当好人是不够的，学会与不同的人打交道，包括与我们有利益冲突的人，该发火时就发火。方方面面都处理得圆圆满满，这样的人才能做大事，成大事。

我们要想处理好自己的事情，独善其身，也就只能自己爱护自己，保护自己的利益，首先不做“烂好人”，避免他人对你的欺侮。

没有人会看好“烂好人”，因为烂好人连自己的利益都不能维护，更多时候也不会维护他人的利益，所以“烂好人”在人际关系上的效应是“不能担大任”的评价，而且很多人还借着他的弱点，算计他、陷害他，反正他不会反抗，不会拒绝。于是所有人都得到了好处，最后只有“烂好人”的利益受损。

2. 唯唯诺诺的人，在心理上从来没有长大

生活中有一些人做事过度小心谨慎，有时甚至是扭扭捏捏，做什么事情都不能够放开手脚，似乎总怕犯错误。与他们相处时，也觉得他们特别拘谨，与你交流时，总觉得他们有点瞻前顾后，不够爽快。而且看这种人和他人相处，也总感觉他们低别人一头，没有自己的主意，只知道一味附和，恭顺听从，别人说什么都是对的，而他们的意见只要一经反驳，就会主动地改变主意。

现实中碰到的这样的人实在是太多了，他们最大的特点就是没有自己的主意，别看他们已经有一副成熟的外表，但是在心理上却从来都没有长大，只知道唯唯诺诺地应承别人。唯唯诺诺的人在人前都很胆小，他们不敢坚持自己，即使意见不被接受，也只是逆来顺受，丝毫不敢对人发火，把所有不愉快的心事都闷在自己的心里。

有时候我们实在想不明白，为什么一个外表已经很成熟的人，在心理上却是那么幼稚，似乎从来都没有长大，做什么都唯唯诺诺。其实仔细想想，不外乎以下两种原因：

(1) 从小到大家庭的溺爱。现在社会上，越来越多的人都是独生子

女，家里的人都把他们当成手心里的宝，捧在手中怕摔了，含在嘴里怕化了。于是就有了家里对孩子的溺爱，从小就衣来伸手、饭来张口，什么事情都不用操心，这种情况也就造就了许多成年人心里根本就不成熟。所以进入社会后，家里人无法像以前那样照顾你了，什么事情都要你自己来考虑和解决。突然间碰到这种情况，内心难免就会发蒙，做什么事情都没有底气。于是就希望像小的时候那样找一个依靠，碰到那些社会上的“老人”就不敢反驳，只知道顺着他们说话，渴望着他们的帮助，久而久之，这个人就成了一个唯唯诺诺的人。

(2) 内心缺乏自信。通常情况下，唯唯诺诺的人都缺乏自信。每个人都有自己的想法，但是有的人敢于提出来，有的人却害怕自己说的是错的，被人听到后遭到嘲笑，所以都憋在心里。唯唯诺诺的人就是后者。我们常常会嘲笑一个人没有自己的主意，只知道奉承别人的想法，可是事实上他真的没有自己的想法吗？当然不是，每个人都有自己的想法，只是这个人将其藏在了心里，不敢说出来。

唯唯诺诺的人缺乏自己的底气，不敢维护自己的意见，所以他们常常见风使舵，只要自己的看法一被别人反驳，他就立刻改变想法。他对自己的想法缺乏信心，实际上，自信是一个唯唯诺诺的人最缺失的东西，他们从来都不敢认为自己是正确的。

但是实际上，唯唯诺诺的人并不能够得到别人的喜爱和尊敬，他们只能得到别人的嘲笑和不屑，被人当做应声虫一样的角色，想起你了就叫上你，遗忘了你也就把你抛在了角落里，不理不问。

真正能够得到别人尊敬的人，是那些有自信，敢于坚持自己，碰到别人的反驳敢于据理力争，甚至大发脾气的人。只有这种人，他们的人品能

够得到尊敬，他们的地位能够得到认可，他们的事业能够取得成功。

福耀玻璃集团的创始人、董事长曹德旺曾经说过："我最讨厌中国人跟洋人唯唯诺诺。"他是这样说的，也始终坚持着这样做。福耀公司经常要跟国外的公司打交道，谈判或者做生意，很多事情要跟外商接触。福耀公司和他们很客气，但这种客气是有前提的，那就是必须建立在对方对中国的友好和尊重的基础之上。福耀公司最初和法国的圣戈班集团谈合作，谈了 3 年，中间有一年却停掉不谈，就是因为圣戈班集团破坏了这一基础。

有一次，和圣戈班集团的人吃饭，在桌面上本应该只谈生意上的事情，但是他们就很不友好地问："你们中央跟地方的矛盾是怎么回事?"而且还讲了一些很难听的话。这一顿饭勉强地吃了下去。吃过饭后，曹德旺送圣戈班的代表回酒店，直截了当地对他们讲："我们的事情就此为止，我们不谈了。"

曹德旺为了坚持自己的原则，于是放弃了同圣戈班集团谈了一年的业务，但是他的坚持却赢得了对方的尊敬。一年以后，圣戈班集团又来了，而且还要请曹德旺做总经理。曹德旺不想做，所以就跟他们漫天要价，说要 200 万港元的年薪。要知道，他原来自己做福耀的总经理一个月工资才 400 元，到了 1993 年以后才是 10000 元。令曹德旺没有想到的是，他们根本就没有讲价，说 200 万港元就 200 万港元，当真用了 200 万港元工资雇下了他。这就是曹德旺赢得的尊敬，他们说他值这么多——200 万港元，每年递增 10%，而且圣戈班还给了他很大的权力。

曹德旺据理力争，不惜撕破脸也要维护自己坚持的原则，正是因为他没有唯唯诺诺地顺着洋人的话说，他赢得了洋人的尊敬，不仅没有放弃和他的合作，还给了他更多利益。而且他的做法也没有损坏双方的感情，双方一直保持着友好合作的关系。

在生活中，我们该据理力争的时候就要坚持，一味地退缩是不会得到真正的利益的，反而显得自己心理不成熟。所以说，我们该做一个有脾气的人，这样自己才能真正地从心理上长大，成为一个真正成熟的人。

【赢家策略】

在与人交往中，一定要敢于表现自己。换句话说，也就是要敢于表达自身意见、主张自身权利。当然，果敢自信和盛气凌人是不同的，坚持自己也不是说要以自我为中心，不尊重别人的看法，不为他人着想，傲慢地苛求别人，态度不友善，那样往往会适得其反。

所以说，与人交往时做到为人诚实、坦率和直言不讳。学会如何大胆讲话，提出要求，请人帮忙，接受赞扬；如何表达负面看法，比如抱怨、愤恨、批评和异议；如何拒绝胁迫，拒绝要求，以及要求不受打扰。只有做到这些，我们才能真正成为一个心理上成熟的人。

3. 别让规则束缚住你的手脚

现实世界是一个被规则包围的世界，大多数时候我们都不能超越这些被规则设置的警戒线。无数的规则充斥着我们的生活，就像钩织成了一张看不见的网，将我们束缚着。现实的规则是必须存在的，否则会给生活带来混乱，但是作为现实中的我们也不能太教条，更不能因为规则而缩手缩脚，否则就会因为思想和行动的僵化而一事无成，最终碌碌无为。

一个墨守成规的人，是没有创新和开拓进取的能力的，他只能选择因循守旧和墨守成规，陷入被规则交织的网中。这种人只能是一个没有魄力的大好人，即便是紧要时刻，他首先想的也是怎样做才不会违背规则，而不是怎样才能解决问题，缺少改变的勇气和魄力，这样的人只会成为落伍的一族，无法在瞬息万变的环境里占得先机。能够拥有打破规则束缚的勇气，敢于冲破樊笼，通过自身的能力和睿智的头脑把握住未来的方向，将未来抓在自己的手中，这才是一个成功人士应有的霸气。

安德鲁·卡内基是美国赫赫有名的钢铁大王，在他没有发迹之前，曾担任过铁路公司的电报员。某一个假期，正好是卡内基值班。在上午 10 点多钟，他突然接到了一份电报机传来的紧急电文。

看过电报内容后，卡内基惊出了一身冷汗。原来，电报上说某段铁路上有一列货车车头出轨，要求上司照会各班列车改换轨道，以免发生追撞的悲剧。这绝对是一件关乎人命的大事，如果不赶快解决，后果将不堪设想。

但是很不幸，当天正好是假期，上司回家休息了，卡内基身边没有一个能够做主的人。他想尽了各种的办法，也没有能够和上司取得联系。时间不等人，如果任由时间这样流逝，一定会酿成惨案。

这时有一列满载着乘客的列车正急速驶向货车的出事地点，卡内基不想看到悲剧发生，他果断地决定冒充上司的名义下达命令，让列车的司机立即改换轨道。最终，列车上的所有人都逃过了一场劫难，本来可以造成多人伤亡的意外事故没有发生。

虽然卡内基帮助列车上的人逃脱了一场劫难，但他却头疼不已，因为他的做法违反了公司的规定。按当时铁路公司的规定，电报员擅自冒用上级名义发电报，要被革职查办。思来想去，卡内基决定写一份辞职书交给自己的上司。令卡内基没有想到的是，上司看过辞职书后，非但没有辞退他，反而还露出了满意的笑容。他当着卡内基的面说道："年轻人，你做得很好！我不但不会开除你，而且还要升你的职。在这个世界上，有两种人是干不成大事的，一种是贸然行事者，另一种是墨守成规者。而能成大事者，往往介于两者之间，而你恰恰是这种人。"说完他就撕毁了卡内基的辞职书。

世上有很多的人，他们各方面都很优秀，但是就是缺乏魄力，做事情太慎重了，做什么事情都瞻前顾后，经过反复思虑后才敢下决定。但是机会不等人，当他们做出决定时，机会早就已经溜走了。所以我们看到的那些成功人士，他们都是敢于冒险、敢于敏捷地捕捉机会的人。

我们每天做事情是为了让自己过得开心，过得舒服，所以有些时候就要有一种敢于打破规则的脾气。很多时候，我们的脾气都被规则磨没了，这样是不行的。要透过现象看本质，看清楚事物运行的本质，找到通向成功的道路。当受到某种规则掣肘的时候，必须懂得变通之道，下狠心打破规则，求得突破。

如果我们觉得眼前的情形很不明朗，自己陷入迷茫的话，那你必须去观察未来的发展趋势。当人们对某一件事物已经形成了固定的看法，形成了某种规则时，你要做的就是看到别人看不到的地方，打破常规，完成新的创新，这样才能够取得成功。所以说，这种打破常规的魄力是一个人非常珍贵的品质，也是成大事必不可少的能力。

其实，时代是不断发展的，一个人要想占得先机，那就要敢于走在前面。规则固然要遵守，但是如果成为规则的奴隶那就得不偿失了。不能让旧有的规则束缚手脚，时代发展了，规则也应该与时俱进，旧有的规则很有可能变成阻碍历史发展的绊脚石。必要的时候就应该打破规则，如果抱着旧有的规则，那就只能是迂腐，最终也只能被历史所淘汰。

一个成功的人，绝对是有自己的脾气的，绝不会允许规则束缚了自己的手脚。有些时候，成功就需要敢于不按照常理出牌。很多时候，一个成功、有魅力的人，其可贵之处就在于拥有打破常规的脾气。

生活中永远都有一些传统的规则和观念，这些东西一直在影响着我们，让我们缺少奋斗的勇气，惧怕失败；担心成功可能带来不利的影响；贪图眼前既得利益；害怕生活的改变对自己不利；缺乏体力或精力……总而言之，这些都成为了束缚我们、阻碍我们成功的不足之处。我们要做的就是打破这些规则，取得属于自己的成功。

【赢家策略】

在我们身边，总是存在着大大小小的变化，我们要做的就是认真分析，仔细甄别，由此做出正确的判断。我们看那些在生活中左右逢源，做什么都得心应手的人，无不是善于随机应变的人。

当环境变化时，我们要果断做出自己的选择，不能够犹豫。不要当机会摆在面前时，觉得它不够分量或没有价值；更不要当别人抓住机会，并创造出成绩时，才发现它的意义和价值。一个人想要有一番作为，不仅要善于发现机会，更要突破规则去创造机会，甚至要有赌一把的魄力。

只有能够摆脱规则束缚的人，才能够成为生活中的赢家。被规则束缚的人只能够羡慕别人的荣光。

4. 剥去“面子”式的好脾气，你才能找到自我价值

众所周知，人人都有自己的虚荣心，换句话说，人人都比较爱面子。面子往往在很多时候都是别人给的，当被人奉承巴结的时候，自己居高临下，脸上有光当然就洋洋得意了。但是，归根到底面子还是自己挣的，能否让别人给你面子，就要看你能不能给别人带来利益。

面子固然重要，但是能力是基础。很多人却舍本逐末，一味地去追求脸面，反而忽略了自身的水平提高。有些时候，为了面子上的好看，别人奉承你几句，就会失去做事的原则，就会心软，变成一个“好脾气”的人，到最后无法维护好自己的利益，反而得不偿失。实际上，即使你没有一副好脾气，只要你有能力，能够给别人带来利益，那别人还是会巴结你的。你能够放下面子，反而让人觉得你是个能够成大事不拘小节的人。

一直以来，人们都觉得“脸皮厚”是一个很不好的贬义词，往往将它用来嘲笑、斥责别人。但是，如果换一种思维来想一想，脸皮厚恰恰能说明一个人内心的心量之大，只有心胸开阔的人在人们面前才能保持一种厚脸皮。所以说脸皮厚也包含了一个人的心理健康，是人生活愉快，取得成

功的保证。

比如，刘邦是汉朝的开国皇帝，他就是一个脸皮厚的人。有一次，沛县县令宴请当地最有名望的吕公，当地的一些豪杰官吏听说后纷纷前来祝贺。席间规定，“凡是贺礼不满一千钱的，都要坐在堂下”。刘邦闻讯前来，许下承诺“贺钱一万”，就旁若无人地坐到了上席，席间和众人谈笑风生，有说有笑，大快朵颐。众人都对刘邦的厚脸皮不耻，唯独吕公对他的厚脸皮青睐有加，不仅没有看不起他，反而认为他能成大事，还将自己的女儿许配了给他。后来，刘邦就是凭借自己的厚脸皮，将项羽击败在垓下，从而成就了自己的大汉王朝。

与刘邦相反，《三国演义》中魏国的王朗就是一个太看重自己的面子、脸皮薄的人。有一次，诸葛亮率领蜀军和魏军作战，魏国的王朗见到了诸葛亮就马上劝说他投降。诸葛亮对他的恶语满耳不闻，反而哈哈大笑，讥讽王朗是“叛臣逆子”。王朗太爱惜自己的脸皮，觉得自己受到了侮辱，被诸葛亮气得落马而死。

刘邦的成功和王朗被活活气死的对比充分地说明了一个人太爱惜脸面是无法成就大事的。科学研究证明，一个人的脸皮厚，那当他面对外界的不良刺激时，环境对他心理上产生的冲击与震荡就小；如果一个人脸皮太薄，那他就很容易被外界影响，变得心胸狭窄。所以说脸皮厚的人往往具有豪迈的气魄，最终能够成就大事。

生活中，有太多的流言蜚语影响着我们，我们受这些东西的影响，很多时候都无法看清楚自己。只有将自己的面子放下，觉得它不值钱的时候，我们才能够清醒过来，正确地认清楚自己，看到自己的能力在哪里。

人生就是一个名利场，里面的人都在争名逐利。我们在其中要想取得成就，就必须放弃那些所谓的面子，不要把面子看得比金子还贵重，而应把面子当作鞋垫子踩在脚下。只有这样，我们才能坦然面对别人的冷眼和嘲讽，才会具备超强的心理素质，让自己在生活中能够淡然地面对各种情况。实际上，那些厚脸皮的人，往往都充满自信和斗志，能够妥善地应对各种局面，成功解决遭遇的问题。哪怕有人揭了自己的伤疤，也能够做到不乱阵脚，只有这样才能扭转不利的局面，成为真正的赢家。

刘明是一位刚毕业的留美计算机博士，他打算留在美国发展。于是，他怀揣着自己的博士文凭开始满世界找工作，结果却总也找不到能够让他满意的工作，好点儿的单位不会聘用他这种没有工作经验的，差些的单位他又看不上，一时间他成为了无业游民。

拥有高智商的他，在经过一段时间的困顿后开始反思。经过仔细的思索，刘明发现自己太爱惜面子了，正是因为他放不下自己的面子，去做一份基层的电脑工作，他才会面对现在这样连养活自己都困难的局面。刘明痛定思痛，决定放下面子，收起博士文凭，把自己当作一个普通人重新去面试求职。

很快，一家电脑公司见刘明拥有高学历，但是能够踏实地应聘一份基层程序录入员的工作，对他产生了浓厚的兴趣，果断地录用了他。刘明于是成了一个基层的程序录入员。这份工作一般有点学历的都不愿意去干，但是他却从这个基层的工作开始干起。他没有因为这个岗位门槛低就消极抱怨，而是认真负责、一丝不苟地干好本职工作。

是金子在哪里都会发光，刘明多次发现了程序中的错误，并且还提出了相应的修改意见。他的能力引起了上司的注意，上司开始注意观察他，结果发现他不但能够做好本职工作，发现一些很细小的关键问题，还能提出自己的一些合理化建议。上司在见到他的博士证书后，更是觉得他踏实努力，于是将他举荐给了老板。老板接见了他，并且委任以要职。而刘明也最终有了一份体面的工作，一份和自己博士学位相匹配的工作，谁又能说他没面子呢？

现在很多的人，在进入社会后往往自视甚高，没有做成什么，反而把自己抬得很高，放不下自己的面子、身段，遇人的时候心高气傲，结果反而会引起一些用人单位的反感。其实，这些都是放不下面子惹的祸。要想实现自己的价值，首先就要把面子看的不值钱，必要的时候要将面子扔下，当我们真正实现价值时，自然能够脸上有光，别人也都会给你面子。

【赢家策略】

脸皮厚的人，即便是遭遇别人的一些冷嘲热讽，也能够坦然面对，表现得若无其事。这种人很少会和别人发生矛盾，能够在人际交往中如鱼得水，所以能得到别人的帮助。要想做成一些事情，首先就要放下面子，只有这样，才能有一番大作为。

5. 主动抢占先机才能掌握自己的命运

“先下手为强，后下手遭殃”是中国自古就流传下来的至理名言。这番话也说明了在现实的生活中，做事情主动抢占先机，出手要狠，不然就没有机会了。纵观古今，但凡成就一番功业的人，无不是抢占了先机，没有受制于人，才掌握了自己的命运。

在生活中，掌握主动是把握机会的关键。但是掌握主动说起来简单，做起来却很难，有很多时候我们的眼睛会被各种情况所遮蔽，我们的能力会被一些特殊的情况所影响。

很多时候，人们都会犯心软或者过分谨慎的毛病，担心自己狠辣的作风会招来别人的非议，影响自己的形象。事实上，一个好脾气、好心眼的人是永远不能够抓到机会的，因为机会都被出手狠的人抓走了；即使他抓到了机会，但是他出手不够狠，那些狠人也会打倒他，抢走他手中的机会。所以说，我们要有曹操的作风：要出手狠，要么不出手，要么一击必中！无论何时何地，如果有人欺负你，那你要做的不是保持好脾气，而是要秉承一个原则：当你有能力给对方致命一击的时候，请别手软！

有人说：第一个做某事的人是天才，第二个做的是庸才，第三个做的是蠢才。这句话用在经商中再恰当不过了。而娃哈哈集团董事长宗庆后无疑就是一个让人惊叹的天才。

众所周知，从 20 世纪 70 年代末开始，我国正式实行计划生育政策。许多家庭都只有一个孩子，这也直接导致了家长把孩子看得比什么都重要，为了孩子，花再多的钱也愿意。

那时候，宗庆后已经四十多岁了，他奔走在杭州的街头推销冰棒。这一过程中，他了解到很多的孩子食欲不振，营养不良。而这一问题一时之间无法解决，成为了家长们最头疼的问题。当时宗庆后觉得可以从饮食上解决这一问题，于是他产生了做儿童营养液的想法。

已经 47 岁的宗庆后早已经错过了最佳的创业年龄，但是他觉得这是一个机会，如果他不抓紧就将错过这一商机，他狠下心来，对眼前的商机没有退缩，于是拉开了创业的大幕。

宗庆后借款 14 万元，组织专家和科研人员，开发出了第一个专供儿童饮用的营养品——娃哈哈儿童营养液。因为宗庆后抢占先机，市场上没有产品同他竞争，一时之间娃哈哈成为中国儿童最爱喝的营养品。宗庆后也完成了冰棒推销员到著名企业家的华丽转变。

宗庆后狠下心来，率先出手，让他在营养液这一市场中处处抢占先机。当别人看到这里的商机，想要进入的时候，宗庆后无论是技术、市场、人员、经验，还是资金方面，都已经成熟，能够领先别人一大截。所以在市场中，他吃肉，别人只能跟在他后面喝一点汤，无论什么时候，他都是当之无愧的行业第一。

其实，宗庆后最出色的地方，就是能够狠下心来率先出手，成功地把

握住了机会，从而以 47 岁的“高龄”书写出了人生的新篇章。有的人只有看着别人抓机会的份，从来都不会反思自己，只有在失败的时候哀叹，却不去考虑一下自己是否缺乏执行力，是不是因为自己的谨小慎微、优柔寡断，所以才将机会都浪费掉了。

不在机会面前优柔寡断，当机会到来时能够将它稳稳地抓在自己的手中，这才是今天众多人们获得成功的根本秘诀。一个成功的人，要做的就是能够看到先机，在机会到来之前就已经作出决定，让自己的决策能够先人一步，只有这样才能让自己的事业达到别人无法企及的高度；也只有这样，才能不被生活中的琐事缠身。

6. 积极"推销"自己，别让"好脾气"误了你

人的一生，大多数的时间都处在认识自己、推销自己的过程中。必须得承认，一个人要想有所作为，首先就要当一个好的推销员。面试是把自己推销给公司，相亲是把自己推销给异性，即便是当你夸奖自己的亲人或朋友时，也是在推销。所以说，推销好自己是我们过得好的关键。

纵观历史，即使当年孔子带着弟子周游列国，一步一步地向各诸侯国去游说自己的政治理想，也是一种变相的推销。总而言之，人人都离不开对自己的推销，无论你是身居高位，还是处在基层；无论你是贫穷，还是富有，都需要对自己进行推销。

但是现实生活中，很多人都碍于面子，不敢向别人介绍自己，觉得如果把自己说得太好就是一种骄傲自大。有些时候，往往还没有向别人说几句自己的优点，你就会脸红起来，没有办法把这项工作做好，从而导致自己在社交场合出现一些问题。你自己也无法得到大家正确的认识，看不出你的能力，久而久之，就连你对自己的能力也产生了怀疑，无法看清自己。

这种情况最常出现在那些"好脾气"的人中，很多时候他们会在推销

自己的时候变得非常扭捏，甚至紧张，这往往会让他们错过很多机会。现实中人们最在意的就是第一印象，这体现在生活的各个方面，第一次面试，因为紧张给公司人事经理留下了不好的印象，第一次相亲因为紧张让对方看不到真实的自己，第一次上门推销因为紧张而被对方拒绝……这些情况往往就是因为我们不敢表现自己的个性，在有意无意地隐藏着自己的能力，想要既谦虚又能够被人认可，但结果却什么都做不好，一事无成。所以说，如果不想出现这种情况，我们就要收起自己的“好脾气”，将最真实的自己表现出来，让所有人都看清楚你的能力。

有时候，好脾气甚至会成为一个人软弱、逃避的借口。这种人习惯将自己各个方面的怯懦都当成是自己的好脾气。其实好脾气已经使你的社交出现了障碍，已经不能向别人展示真实的自己。这直接导致了你陷入了自我狭隘的空间中，你的人生道路变得越来越窄，也走得越来越累。所以说，好脾气已经成为了你的一个枷锁，束缚着你无法表现自己。在生活中，首先要做的就是克服这种因好脾气导致的怯懦心理，闯过这一关，学会勇敢地向人们介绍自己的优点，让对方认识自己。

有些时候，人们还会因为曾经的失败就对自己丧失了信心，觉得自己的能力确实不行。要知道，失败是做任何事情都不可能避免的，失败很正常，但是我们不能因为失败就开始畏惧行动。无论做什么，都是要先摔跤，先交足学费才能够成功的。从失败走向成功的过程，就是一个人不断地认识自己、表现自己的过程。在这个过程中，无论是成功者还是失败者都会历经坎坷，多次失败。不同的是，前者坚持做真实的自己，踏着失败走向了成功；而后者却陷入了对自己的否定，终究一事无成。

小李是一名刚刚毕业没有多久的大学生，他进入了一家销售公司，做了一名普通的销售人员，但是由于他在这方面缺乏经验，所以一直都找不到客户，也就没有相应的业绩。当公司安排他去拜访一位新的客户的时候，他很兴奋，但是也对自己的能力产生了怀疑，觉得自己可能无法完成这项工作。因为怀有这种心态，小李在面对新客户时表现得十分羞涩，他甚至不敢与客户进行对视，对客户提出的那些问题回答得也是结结巴巴，有时甚至还出现答错的情况。

在双方的谈话结束后，小李发现自己竟然紧张得连衬衣都已经被汗水浸湿了，整个人都有一种解脱了的感觉，这次的结果也就可想而知了。但是，小李并没有因此自暴自弃，或者抬不起头来。他仔细地思索了这次谈判失败的原因，进行了认真反思，然后找到自己的不足和优点，并主动向同事学习销售技巧，从而正确地认识了自己。他发现自己对自家产品的质量、性能了如指掌，和同事没有什么区别，对于销售本身也掌握了一定的销售知识和技巧，这些都没问题，这是他的优点。他的缺点和不足就是与客户交往时害怕失败而不敢表现自己，在与客户交谈时因怕客户生气而缩手缩脚。这是小李内心的“好脾气”在作怪，但他的顾虑往往使得自己不能很好地与客户沟通，这是他最大的缺点和不足。

从此之后，小李的自信心有了很大的提升。一次，公司来了一个大客户，公司的很多员工都因为压力太大而不敢接这桩生意。这时，小李却主动请缨，接下来这份工作。在接下来的日子里，他战胜了往日的不足，全身心投入进去。果然，皇天不负有心人，他终于凭借自己的努力换来了签约成功。凭借这次签约的成绩，小李越做越好，没过多久就升职成为了销售经理，在业界也小有名气。

其实很多时候，我们都被自身的“好脾气”所阻碍，因为担心失败，所以在做事情时处处忍让，想让对方满意，最终让自己缩手缩脚。当我们仔细反思，就会发现，害怕失败并不能避免失败，只有勇敢面对，表现出真实的自己，这样才能够成功。

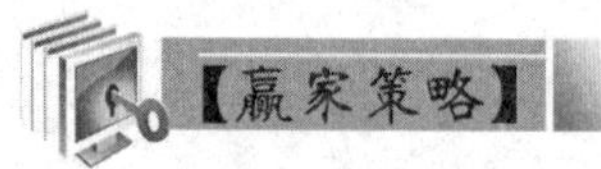

无论我们做什么事情，都不能让好脾气成为阻碍我们的牢笼，让自己不敢放开自己的手脚。这样根本就不能维护自己的利益，反而有可能会让自己的利益受损。要想取得成功，就要把百分之百的自己都表现出来。

归根到底，我们要纠正自己的心态，告诉自己没有什么可担心的。别胆怯、别气馁，只要拿出你源源不竭的奋斗动力去追赶属于自己的成功和卓越，你就能克服自己的心理障碍，并朝着成功的方向勇敢进发。